지중해 요리

지중해 요리 (개정판)

초판 1쇄 발행일 2014년 6월 20일(초판 15쇄 2022년 3월 25일)
개정판 1쇄 발행일 2022년 9월 20일
개정판 4쇄 발행일 2023년 3월 20일

지은이 나카가와 히데코
펴낸이 유성권

편집장 양선우
책임편집 임용옥 **편집** 신혜진 윤경선 **편집 진행** 김수영(공작소오월)
해외저작권 정지현 **홍보** 윤소담 박채원
교정 교열 이완숙
디자인 김지선 노혜지(디자인비따)
사진 박재현(Grid Studio)
요리 박진숙 박인혜 조주민(구르메 레브쿠헨)
푸드 스타일링 우지혜 박지훈(식꾸SEEK GOUT@seekgout)
마케팅 김선우 강성 최성환 박혜민 심예찬
제작 장재균 **물류** 김성훈 강동훈

펴낸곳 ㈜ 이퍼블릭
출판등록 1970년 7월 28일, 제1-170호
주소 서울시 양천구 목동서로 211 범문빌딩 (07995)
대표전화 02-2653-5131 **팩스** 02-2653-2455
메일 loginbook@epublic.co.kr
포스트 post.naver.com/epubliclogin
홈페이지 www.loginbook.com
인스타그램 @book_login

로그인은 ㈜이퍼블릭의 어학 · 자녀교육 · 실용 브랜드입니다.

세상에서 가장 건강한
사람들에게서 온 푸른 연안의 황홀한 맛

지중해 요리

나카가와 히데코 지음

로그인

Prologue

10년간의 꾸준한 사랑, 그리고 개정판…

저의 책, 《지중해 요리》가 세상에 나온 지 10년이 지났습니다. 저에게는 첫 요리책이었기에 개인적으로도 남다른 의미가 있어 애착을 느낀답니다. 무슨 복인지, 그 첫 책이 10년이라는 긴 시간 동안 꾸준한 사랑을 받아왔다는 사실에 감사한 마음과 함께 쑥스러운 마음이 드네요. 그래서 출판사의 개정판 출간 제안이 더 의미 있게 다가왔어요. 《지중해 요리》 이후에도 수많은 책을 출간했는데, 한 권의 책이 이토록 꾸준한 사랑을 받는 경험이 흔치는 않으니까요. 지금 개정판을 내놓는 이 순간에도 다른 어느 책을 낼 때보다 몇 배는 더 설레고 긴장되네요. 기존의 독자분들에게도, 새로운 독자분들에게도 의미 있고 흥미로운 책이 되었으면 하는 바람으로요.

이번에 개정판을 준비하면서 10년 전 이 책을 처음 만들면서 떠올렸던 지중해의 첫 기억을 다시 생각하게 되더라고요. 대학교 3학년, 독일의 교환학생 시절이었어요. 여름방학을 맞아 유로패스를 사서 유럽 전역을 기차로 달리기 시작했습니다. 프랑스의 여러 도시에서 로맨틱한 아름다움에 매료되었다가 스페인의 바르셀로나로 향하는 기차 안에서 지중해의 하늘을 제대로 마주했어요. 지금도 그때 지중해의 온전한 하늘 색깔을 본 순간을 잊을 수가 없네요. 30년 전 교환학생 시절이나 이 책의 프롤로그를 처음 썼던 10년 전이나 개정판의 프롤로그를 쓰는 지금 이 순간까지, 여전히 감동적인 기억을 되살려주는 곳이 바로 '지중해'입니다.

하늘과 바다, 꽃과 나무 등 자연이 주는 강렬한 색감은 물론, 건물과 사람들의 옷, 채소와 과일까지… 그 모든 것이 지닌 지중해의 '색'이 저에게는 가장 큰 존재입니다. 그다음으로 저에게 다가온 지중해는 '음식'입니다. 여러 민족의 왕래가 잦았던 지중해 연안에서는 다양한 문화의 교류를 통해 식문화가 발달했는데, 그런 지중해의 역사가 바로 지중해 음식을 낳았겠지요. 올리브, 올리브 오일, 케이퍼, 잣, 갖가지 향신료는 지중해 음식에서 빼놓고 이야기할 수 없는, 지중해를 대표하는 식재료들이에요.

특히 제가 지중해 요리를 좋아하는 가장 큰 이유는 풍부한 제철 식재료에 소금, 올리브 오일, 허브, 식초, 후추만으로 간단하게 만드는 조리법에 있어요. 재료 본연의 맛과 향은 살리면서 신선한 올리브 오일과 허브의 맛과 향이 더해져 완성되는 오묘하고 완벽한 밸런스의 풍미. 바로 그런 점이 제가 지중해를, 그리고 지중해의 음식을 사랑하는 이유입니다.

이번 개정판에는 요리교실 '구르메 레브쿠헨'에서 배울 수 있는 스페인, 남프랑스, 나폴리와 시칠리아의 요리뿐 아니라 튀르키예, 그리스 등의 동부 지중해 요리와 북아프리카 요리 그리고 지중해 디저트까지 다양하게 담았습니다. 기존 책의 인기 메뉴는 그대로 남겼지만 스페인의 '파에야'는 좀 더 쉽게 만들 수 있도록 소스를 업그레이드했습니다. 그 외에도 새 메뉴가 많이 추가되었는데, 기존 독자들의 피드백과 요리교실 제자들의 피드백을 반영했습니다. 10년이라는 시간이 흐르는 동안 한국에서는 건강과 여행이라는 이슈 아래 지중해 지역에 대한 정보가 많아지고 지중해 음식에 대한 인기가 더 높아졌어요. 그런 이유로 이미 흔해진 메뉴들과 따라 하기 어려운 음식들 대신 기존 독자들에게도 새롭고, 새 독자들에게도 도움이 될 메뉴들로 구성했습니다.

지중해 음식들이 한국인에게는 간이 센 경우가 많은데, 최대한 현지의 맛을 살리면서 간은 한국인에게 맞도록 조금 조절했습니다. 개인의 취향은 다 다르기 때문에 여러 번 만들어보면서 자신의 입맛에 맞게 간을 조절해주세요.

지중해에 대한 아름다운 추억이 있는 사람에게는 그리움을 대신해줄 수 있는 책이 되길 바라고, 지중해를 아직 경험하지 못한 사람에게는 이 책을 통해 지중해의 아름답고 맛있는 첫 기억을 심어주고 싶어요. 여러분 모두에게 각자의 추억과 경험이 되어줄 그런 책이 되길 바라는 마음으로, 저 역시 개정판을 준비하는 내내 마음속에 지중해를 품었습니다.

2022년 9월

나카가와 히데코

Contents

ITALY

EASTERN MEDITERRANEAN & NORTH AFRICA

DESSERT

BASIC

이 책의 계량은 다음과 같은 기준으로 레시피에 적용했습니다.

* 1컵 = 150g
  (쌀, 콩, 밀가루 등 고체류)
* 1컵 = 200ml
  (오일, 물, 소스 등 액체류)
* 1큰술 = 15ml
  1작은술 = 5ml
* 소금, 후춧가루 등은
  취향에 따라 '약간'으로

SPAIN

Paella Mixta
파에야 믹스타

Paella de Costilla de Ibérico
이베리코 돼지갈비 파에야

Arroa Meloso de Pulpo y Hierba
스페인식 주꾸미와 봄나물 리소토

Fideuà de Bolets
카탈루냐식 버섯 피데우아

Gazpacho Andaluz
안달루시아식 가스파초

Potaje de Garbanzos con Jamón serrano
하몽 세라노 병아리콩 스튜

Bacalao gratinado con allioli & Espinacas a la catalana con pasas y piñones
알리올리 대구 오븐구이와 카탈루냐식 시금치 볶음

Buñuelos de Pescado
우럭 부뉴엘로

Anguilas a la Catalana
장어 건포도 조림

Mar y Montaña
닭고기 새우 조림

Cogote de Cerdo Asado con Pimentón
돼지 목살 스테이크와 파프리카 구이

Tumbet Mallorquín
마요르카식 채소 오븐구이

Brochetas Andaluzas
안달루시아 꼬치구이

Tortilla Española
토르티야 에스파뇰라

Almejas con Chistorra
모시조개 치스토라 볶음

Cocina Española

스페인 요리의 특징

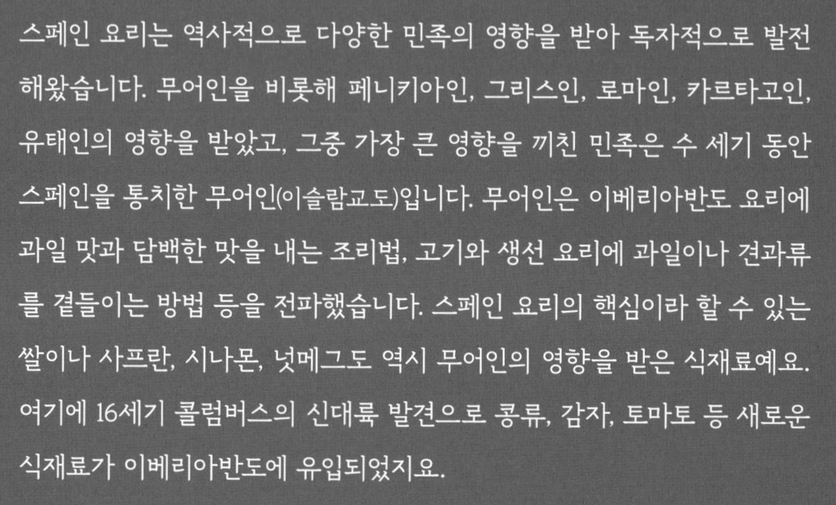

스페인 요리는 역사적으로 다양한 민족의 영향을 받아 독자적으로 발전해왔습니다. 무어인을 비롯해 페니키아인, 그리스인, 로마인, 카르타고인, 유태인의 영향을 받았고, 그중 가장 큰 영향을 끼친 민족은 수 세기 동안 스페인을 통치한 무어인(이슬람교도)입니다. 무어인은 이베리아반도 요리에 과일 맛과 담백한 맛을 내는 조리법, 고기와 생선 요리에 과일이나 견과류를 곁들이는 방법 등을 전파했습니다. 스페인 요리의 핵심이라 할 수 있는 쌀이나 사프란, 시나몬, 넛메그도 역시 무어인의 영향을 받은 식재료예요. 여기에 16세기 콜럼버스의 신대륙 발견으로 콩류, 감자, 토마토 등 새로운 식재료가 이베리아반도에 유입되었지요.

지리적 조건도 큰 영향을 끼쳤습니다. 특히, 삼면이 바다에 둘러싸인 반도에 위치한다는 점에서 바다로부터 얻을 수 있는 식재료는 자연스럽게 스페인 요리의 기본이 되었고, 스페인 요리가 지중해 요리라 불리게 된 계기가 되었습니다. 한편, 내륙의 산지에 드넓게 펼쳐진 목초지, 비옥한 농토 등 축복받은 환경은 하몽, 이베리코, 올리브, 오렌지, 와인 등 다양한 농축산물을 생산할 수 있도록 해주었지요.

스페인 요리의 근원은 가정 요리에 있어요. 스페인은 지역에 따라 기후, 풍토, 문화, 습관 등에 차이가 있어 스페인 요리라 하더라도 메인 재료나 조리 방법이 매우 다양하거든요. 지역마다 식문화도 다른데, 이러한 각 지역의 다양성이 스페인 요리의 특징이라고도 할 수 있겠네요.

또 한 가지 스페인 요리의 특징은 '올리브 오일로 익히고, 밥을 짓고, 유화시키는' 세 가지 조리법입니다. '스페인 요리를 알면 올리브 오일을 제대로 사용할 줄 안다'는 말이 있을 정도로, 이렇게 올리브 오일을 기본적으로 사용하는 요리는 전 세계적으로 유례가 없을지도 몰라요. '감바스 알 아히요'처럼 재료를 넣어 끓인 뒤 그 올리브 오일에 빵을 찍어 남기지 않고 먹기도 하고, '알리올리 소스'처럼 마늘이나 달걀의 수분을 유화시켜 소스를 만들거나 파에야처럼 밥을 짓는 데 쓰기도 하죠.

스페인 요리의 맛의 기본은 '올리브 오일'과 '마늘'에 달려 있어요. 마늘의 존재를 최소화하고 싶을 때는 잘게 다지고, 오일에 향을 입히고 싶을 때는 가로로 편을 썰고, 으깨서 오일에 진액을 더하기 위해서는 세로로 편을 써는 등 써는 방식에 따라 달라지는 마늘의 맛과 향을 올리브 오일과 연관 지어 사용하고 있습니다. 이는 다른 지중해 연안 국가 요리에서도 공통된 특징이지만, 지중해 다른 지역보다 그 사용법이 매우 다양하다고 할 수 있어요.

마지막으로 스페인 요리의 또 다른 특징을 정리하자면 소스보다 신선한 재료의 맛을 살리는 요리가 많다는 것, 향신료는 파프리카 파우더·사프란·아니스·시나몬 정도만 사용할 뿐 많이 사용하지 않는다는 것, 생햄이나 소시지 등의 보존식이 발달했으며 이를 국물 재료로도 사용한다는 것, 채소는 마늘·양파·감자·토마토, 어패류 중에서는 정어리와 대구, 육류로는 양·돼지·닭 등의 식재료를 자주 사용한다는 것 정도가 있겠네요.

이 책에는 스페인의 내륙 지역과 지중해 연안 지역의 대표적인 요리를 담았습니다. 지금 바로 저와 함께 스페인 음식 여행을 떠나보실래요?

Paella Mixta
파에야 믹스타

4인분 | 지름 28~30cm 파에야팬

고기와 어패류가 섞인 스페인의 대중적인 가족 점심 메뉴

스페인 전역에서 가장 대중적인 '일요일 가족 점심 메뉴'인 파에야. 토끼고기나 닭고기, 어패류가 섞여 '믹스타'라고 해요. 사프란을 넣어 은은한 향기와 황금빛을 즐기면 좋겠지만, 파에야 양념장 '살모레타'만 넣어도 고소한 맛을 낼 수가 있어요.

Ingredients

바지락 400g, 닭고기(다리살 또는 날개살, 순살) 300g, 홍합 8~10개, 오징어 1마리, 새우 10마리, 양송이 7~8개, 쌀 300g, 생선육수 800ml, 조개육수 200ml, 올리브 오일 100ml, 살사 살모레타✦ 4큰술, 물 1작은술, 사프란 12가닥, 소금 약간, 후춧가루 약간

Topping 레몬즙, 알리올리 소스(184쪽 참조)

Ready

바지락 해감해두기 | 생선육수 만들어두기(191쪽 참고) | 살사 살모레타 만들기

How to Cook

1 양송이는 얇게 슬라이스하고, 닭고기는 한입 크기로 썬 뒤 소금과 후춧가루를 뿌려 밑간을 한다.

2 홍합은 수염을 제거하고 껍데기를 깨끗이 씻은 뒤, 냄비에 홍합과 바지락 등 조개류가 잠길 정도의 물을 함께 넣고 중불에서 서서히 끓인다. 껍데기가 벌어지면 조개육수를 버리지 말고 200ml 정도 따로 담아둔다.

3 오징어는 내장을 제거한 뒤 껍질을 벗기고 몸통은 링 모양으로, 다리는 잘게 썬다.

4 새우는 머리 부분의 뿔과 수염을 가위로 자르고 내장을 이쑤시개로 제거한다.

5 파에야팬 또는 프라이팬(지름 28~30cm)에 올리브 오일 2큰술을 두르고 새우와 닭고기를 넣어 겉만 노릇하게 구운 뒤 다른 그릇에 옮겨둔다.

6 같은 팬에 나머지 올리브 오일을 두르고 쌀을 중약불에서 서서히 볶는다. 색이 노릇해지면 살사 살모레타를 넣고 약불에서 계속 볶다가 양송이와 오징어를 넣고 볶는다.
*** 쌀은 전분기를 유지하기 위해 씻지 않고 사용한다. 위생이 우려된다면 가볍게 1회만 씻어 물기를 제거한 뒤 사용한다.**

7 절구에 사프란과 물 1작은술을 넣고 으깨 사프란물을 만들어 (6)에 붓는다. *** 이렇게 하면 사프란의 향과 빛깔을 최대한 끌어낼 수 있다.**

8 소금, 후춧가루로 간을 한 다음 (5)의 새우와 닭고기, (2)의 조개육수, 생선육수를 넣고 섞는다.

9 (2)의 조개류를 올리고 강불에서 한소끔 끓인 뒤 중불로 줄여 10분간 조린다. *** 이때 절대 주걱으로 섞지 않는다.**

10 위쪽의 수분이 날아가면 쌀의 상태를 확인한다. 심이 살짝 남았으면 불을 끄고 포일을 씌워 7~8분 정도 뜸을 들인다. *** 쌀을 더 익혀야 한다면 육수를 조금 더 붓고 약불에서 조린다.**

11 레몬즙이나 알리올리 소스를 곁들여 낸다.

✦ 살사 살모레타 Salsa Salmorreta 250ml 분량

Ingredients

토마토 2개, 건고추 2개, 마늘 6쪽, 올리브 오일 100ml, 소금 약간

How to Cook

1 건고추는 꼭지와 씨를 제거하고 뜨거운 물에 10분 정도 담가 부드러워지면 잘게 채 썬다.

2 마늘은 얇게 저미고, 토마토는 껍질째 강판에 간다.

3 올리브 오일을 두른 팬에 마늘을 넣고 약불에서 천천히 익힌다. 마늘 향이 올라오기 시작하면 건고추, 토마토를 넣고 소금으로 간을 맞춘 뒤 중불에서 5분 정도 조린다.

4 물기가 없어지면 불에서 내려 믹서에 넣고 간다.

Paella de Costilla de Ibérico

이베리코 돼지갈비 파에야

4인분 | 지름 28~30cm 파에야팬

스페인 내륙 지방에서 즐겨 먹는 돼지고기 파에야

스페인의 내륙 지방에서는 해산물보다 육류 요리를 더 많이 먹는 편이에요. 이 메뉴는 스페인에 살 때 그 지역 친구에게 직접 배운 레시피랍니다. 해산물에 주로 사용하는 사프란 대신 훈제 파프리카 파우더로 맛을 낸 게 포인트죠. 삼겹살로 만들어도 맛있지만, 미리 마리네이드한 돼지갈비(뼈등심)를 노릇하게 굽고 거기서 나온 기름을 활용해 만들면 감칠맛이 기가 막혀요!

Ingredients

이베리코 돼지갈비 3~4조각(600~800g), 양파 2개, 풋고추 4개, 빨간 파프리카 1개, 마늘 6쪽, 쌀 300g, 닭육수 800ml, 토마토퓌레 200g, 올리브 오일 3큰술, 파프리카 파우더 1작은술, 소금 1큰술

Meat Marinade 마늘(다진 것) 1큰술, 생강(다진 것) 2작은술, 올리브 오일 100ml, 파프리카 파우더 2작은술, 커민 파우더 2작은술, 고수씨 파우더 2작은술, 건오레가노 2작은술, 소금 2작은술, 후춧가루 2작은술

Ready

닭육수 만들기(190쪽 참고) | 돼지갈비 양념에 재우기(과정 1)

How to Cook

1 마리네이드용 재료를 골고루 섞어 돼지갈비에 바르고 냉장고에서 2시간 이상 재워둔다.

2 양파, 마늘, 고추, 파프리카는 잘게 썬다.

3 파에야팬에 올리브 오일을 둘러 달군 후, 물기를 제거한 (1)의 돼지갈비를 올려 중불에서 겉만 노릇하게 구워 다른 그릇에 옮겨둔다.

4 같은 팬에 양파, 마늘, 고추, 파프리카 순으로 약간 노르스름하게 볶는다. 토마토퓌레를 넣고 소금, 파프리카 파우더로 간을 한다. * **돼지갈비에서 나온 기름에 볶는 게 포인트!**

5 쌀을 (4)에 넣고 재빨리 섞은 후, 닭육수를 붓고 (3)의 돼지갈비를 위에 얹는다. 중약불에서 15분 정도 익힌다. * **쌀은 전분기를 유지하기 위해 씻지 않고 사용한다. 위생이 우려된다면 가볍게 1회만 씻어 물기를 제거한 뒤 사용한다.**

6 돼지갈비의 속까지 잘 익도록 뚜껑을 덮고 약불에서 10분 정도 더 익힌다. * **180℃로 예열한 오븐에서 5분간 익혀도 된다.**

7 불을 끄고 포일을 씌워 7~8분 정도 뜸들인다.

Arroz Meloso de Pulpo y Hierba

스페인식 주꾸미와 봄나물 리소토

4인분 | 지름 36~40cm 파에야팬 또는 카수엘라 냄비

이탈리아 리소토를 닮은 스페인의 촉촉한 쌀 요리

토기로 만든 테라코타 냄비로 만드는 스페인식 쌀 요리로, 파에야보다 촉촉해서 식감이 부드러운 게 특징이에요. 저는 한국의 제철 봄나물로 살짝 변형해서 만들었는데, 봄 내음이 가득해서 입맛 돋우기에 그만이랍니다. 스페인 허브나 채소로 요리해도 좋고, 계절마다 제철 채소로 바꿔가며 만들어 먹어도 좋아요.

Ingredients

주꾸미 600~800g, 두릅 200g, 표고 4개, 쌀 300g, 생선육수 1.8L, 올리브 오일 5큰술, 살사 살모레타 4큰술, 물 1작은술, 사프란 12가닥, 타임 약간, 소금 약간, 후춧가루 약간

Topping 허브(기호에 따라 선택), 알리올리 소스(184쪽 참고)

Ready

생선육수 만들기(191쪽 참고) | 살사 살모레타 만들기(21쪽 참고)

How to Cook

1 주꾸미와 두릅은 각각 소금물에 살짝 데친 후 먹기 좋게 자른다. 표고는 얇게 채 썬다.

2 사프란은 절구에 물 1작은술을 넣고 붉은 물이 되도록 으깬다. ***이렇게 하면 사프란의 향과 빛깔을 최대한 끌어낼 수 있다.**

3 팬(또는 냄비)에 올리브 오일 2큰술을 두르고 주꾸미와 타임을 강불에서 노릇하게 구운 뒤 다른 그릇에 옮겨 담는다.

4 같은 팬에 나머지 올리브 오일을 두르고 쌀을 중약불로 서서히 볶는다. 색이 노릇해지면 살사 살모레타를 넣고 약불에서 계속 볶다가 (2)의 사프란물, 후춧가루를 넣고 소금으로 간한다. ***쌀은 전분기를 유지하기 위해 씻지 않고 사용한다. 위생이 우려된다면 가볍게 1회만 씻어 물기를 제거한 뒤 사용한다.**

5 (1)의 재료를 (4)의 팬 위에 올리고 생선육수를 붓는다. 강불에서 한소끔 끓이다가 중약불로 줄여 조린다. 수분이 졸면서 쌀이 익으면 완성이다. 하지만 국물이 어느 정도 남아 있어야 한다.

6 다진 허브를 위에 뿌리고, 알리올리 소스를 곁들인다.

Fideuà de Bolets

카탈루냐식 버섯 피데우아

3~4인분 | 지름 25~30cm 프라이팬

파스타로 만든 파에야, 피데우아

발렌시아 지방 해안가의 향토 음식으로 유명한 피데우아는 쌀 대신 짧게 잘라진 스파게티 면으로 만든 파에야랍니다. 스페인에서는 '피데오'라는 파스타가 있지만 저는 스파게티 면을 손으로 2~3cm 길이로 뚝뚝 끊어서 만들었어요. 스페인에서 처음 배웠을 땐 아귀와 바지락만 넣은 심플한 버전이었는데, 이번엔 카탈루냐 지방에서 추울 때 자주 먹었던 버섯 피데우아를 만들어봤어요. 생초리소와 버섯을 듬뿍 넣고 '피카다'라는 일종의 양념장 같은 걸 넣는데, 이게 맛의 포인트랍니다.

Ingredients

버섯(여러 가지) 600g, 피데오(또는 2cm 길이로 자른 스파게티) 250g, 생초리소 180g, 양파 1개, 당근 1개, 마늘(다진 것) 1큰술, 닭육수 1L, 올리브 오일 적당량, 타임 2줄기, 소금 약간

Picada 아몬드(다진 것) 50g, 마늘(다진 것) 1쪽 분량, 레몬즙 1개분, 레몬 제스트 1개분, 올리브 오일 2큰술, 파프리카 파우더 1큰술, 이탤리언 파슬리(다진 것) 1줌, 소금 약간

Ready

닭육수 만들기(190쪽 참고)

How to Cook

1 양파, 마늘, 당근은 잘게 다진다. 초리소는 잘게 썰고, 버섯은 먹기 좋게 찢는다.

2 팬에 올리브 오일을 두르고 달군 뒤 잘게 다진 양파, 마늘, 당근을 넣고 노릇하게 볶는다.

3 초리소와 타임을 넣고 계속 볶다가 손질한 버섯을 넣고 볶는다.

4 모두 잘 섞이면 닭육수를 붓고 소금으로 간을 한다.

5 피데오를 넣고 12분 정도 익힌다.

6 피카다 재료를 절구에 넣고 나무봉으로 으깬다.

7 (5)의 불을 끄고 (6)의 피카다를 넣고 섞은 뒤 5분 정도 둔다.

Gazpacho Andaluz

4~6인분

안달루시아식 가스파초

토마토를 갈아 만든 수프

스페인 요리에서 파에야 다음으로 유명한 요리인 '가스파초'. 여름철에 잘 익은 토마토와 제철 채소를 믹서에 갈기만 하면 되는 간단한 수프예요. 한여름이면 40℃까지 뜨거워지는 안달루시아의 해변에서 얼음처럼 차갑게 식힌 가스파초를 점심 애피타이저로 먹었을 때의 그 청량감과 상쾌함은 지금까지도 잊히지 않네요.

Ingredients

토마토 1kg 정도, 빨간 파프리카 1개, 오이 1/2개, 마늘 2쪽, 바게트 1조각, 물 200ml, 올리브 오일 90ml, 화이트 와인 비네거 2큰술, 소금 2작은술, 설탕 1작은술, 후춧가루 약간

Topping 삶은 달걀, 이탤리언 파슬리(잘게 다진 것), 크루통 등

How to Cook

1 토마토, 파프리카, 오이를 3cm 정도 크기로 깍둑썰기한다.

2 (1)을 볼에 담고 마늘, 바게트, 화이트 와인 비네거, 올리브 오일, 설탕, 후춧가루를 넣은 다음 소금으로 간을 맞춘다.

3 (2)를 2~3시간 정도 냉장고에 둔다.

4 (3)에 물을 붓고 믹서로 곱게 간다.

5 다시 간을 맞춘 후 2시간 이상 냉장고에 보관해 차게 만든다.

6 취향에 따라 토핑을 곁들여 먹는다.

Potaje de Garbanzos con Jamón serrano

하몽 세라노 병아리콩 스튜

4인분

한국의 된장찌개 같은 가정식 수프

스페인의 대표적인 수프로는 마늘로 만든 '아호블랑코Ajo blanco', 토마토로 만든 차가운 수프 '가스파초' 등이 있죠. 병아리콩(또는 렌틸콩)으로 만든 스튜 역시 빼놓을 수 없는 인기 메뉴랍니다. 병아리콩과 함께 당근, 단호박, 감자, 토마토, 양배추 등 좋아하는 채소들을 다양하게 넣고 하몽으로 감칠맛을 내는 수프 형태의 독특한 스튜예요. 한번 먹어보면 특별한 감칠맛에 푹 빠지게 될 거예요. 특히 충분한 양의 채소를 섭취할 수 있다는 장점도 있어요.

Ingredients

병아리콩(삶은 것) 2컵, 생초리소 50g, 하몽 세라노 30g, 감자(대) 1개, 토마토 1개, 당근 1/2개, 양배추 1/8개, 양파 1/2개, 단호박 1/8개, 마늘 2쪽, 월계수잎 1장, 물 1L, 올리브 오일 2큰술, 소금 약간, 후춧가루 약간

Ready

병아리콩 8시간 정도 물에 불리기

How to Cook

1. 냄비에 물에 불린 병아리콩과 콩의 3배 분량의 물을 넣고 끓인다. 물이 끓기 시작하면 월계수잎과 함께 중불에서 30분 정도 삶는다.
2. 감자, 당근, 단호박(껍질째 사용), 토마토, 양파는 1cm 크기로 깍둑썰기하고, 양배추는 먹기 좋은 크기로 썬다. 마늘은 잘게 다진다.
3. 하몽 세라노, 초리소는 2×2cm 크기로 썬다.
4. 냄비에 올리브 오일을 두르고 모든 채소와 하몽 세라노, 초리소를 넣고 살짝 볶다가 물을 붓고 중약불에서 약 30분 정도 푹 익힌다.
5. (1)의 삶은 병아리콩을 넣고 소금, 후춧가루로 간을 맞춘 뒤 약불에서 콩이 부드러워질 때까지 끓인다.

Bacalao gratinado con allioli & Espinacas a la catalana con pasas y piñones

알리올리 대구 오븐구이와 카탈루냐식 시금치 볶음

알리올리 소스를 사랑하는 카탈루냐의 대표 음식

가족들끼리 10년 전 바르셀로나의 오래된 레스토랑에서 먹었던 맛을 기억하면서 만들어봤어요. 알리올리 소스를 빼고는 완성될 수 없는 마성의 맛이죠. 스페인에서는 '바칼라오'라고 하는 염장한 대구로 만드는데, 한국에서는 구하기 어려우니까 생대구로 만들었어요. 곁들인 시금치 볶음 역시 카탈루냐 지방에서 매일 먹는 반찬 같은 음식인데요, 사이드로도 먹고 메인으로도 먹는 국민 음식이랍니다.

알리올리 대구 오븐구이

Ingredients

대구 2조각, 알리올리 소스(184쪽 참고) 120ml, 올리브 오일 적당량, 밀가루 적당량, 소금 약간, 후춧가루 약간

Ready

오븐 250℃로 예열하기

How to Cook

1 분량의 재료를 섞어 구이용 알리올리 소스를 만든다(184쪽 알리올리 소스 만드는 법 참고).

2 대구는 100g 정도 크기로 자른다. 소금, 후춧가루로 밑간을 하고 밀가루를 살짝 뿌린다.

3 팬에 올리브 오일을 둘러 달구고 (2)의 대구를 약불에서 천천히 굽는다.

4 오븐용 트레이에 (3)을 올리고 그 위에 알리올리 소스를 얹는다.

5 250℃로 예열한 오븐에서 겉이 노릇해지도록 10분간 굽는다.

시금치 볶음

Ingredients

시금치 1단, 마늘(다진 것) 1작은술, 건포도 적당량, 잣 적당량, 올리브 오일 적당량, 소금 약간, 후춧가루 약간

How to Cook

1 시금치는 깨끗이 씻어서 물기를 뺀 다음 먹기 좋은 크기로 썬다.

2 올리브 오일을 넣고 달군 팬에 마늘과 시금치를 넣고 강불에서 볶는다.

3 시금치에서 물이 나오기 전에 건포도, 잣, 소금, 후춧가루를 더해 살짝 볶는다.

4 접시에 올려 알리올리 대구 오븐구이에 곁들인다.

Buñuelos de Pescado

2~3인분

우럭 부뉴엘로

바bar에서 간단히 먹는 단골 술안주

스페인의 술집에서 안주로 흔히 먹을 수 있는 음식인데요, 보통은 염장 대구로 만들어요. 포슬한 대구살을 튀겨서 만들었으니 상상만 해도 맛있겠죠? 와인이나 맥주와 참 잘 어울려요. 가톨릭 국가인 스페인에서는 부활절 기간에 고기 대신 이걸 먹기도 해요. 저는 이번에 생우럭을 이용해 만들어봤어요. 우럭의 식감이 또 일품이잖아요.

Ingredients

우럭(흰 살 생선살) 400g, 식용유(튀김용) 적당량, 소금 약간, 후춧가루 약간

Batter 달걀 2개, 우유 150ml, 밀가루 150g, 베이킹파우더 1작은술, 이탤리언 파슬리(다진 것) 1/2큰술

Topping 살사 로메스코(185쪽 참고)

How to Cook

1. 생선살은 한입 크기로 자르고 소금, 후춧가루로 밑간을 한다.
2. 볼에 밀가루, 베이킹파우더를 넣고 달걀노른자와 우유를 넣고 잘 섞는다.
3. 달걀흰자는 다른 볼에서 충분히 거품을 낸 뒤 (2)에 넣고 가볍게 섞는다.
4. (3)에 생선살, 파슬리를 넣고 버무린다.
5. 170℃로 가열한 식용유에 (4)를 숟가락으로 떠 넣고 2~3분간 튀긴다.
6. 부뉴엘로를 식힘망에 올려 기름기를 뺀 후 살사 로메스코를 곁들여 낸다.

Anguilas a la Catalana

장어 건포도 조림

2인분

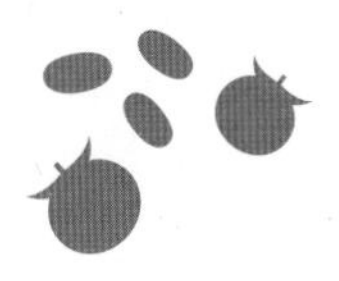

스페인의 고급 식재료인 새끼 장어로 만드는 일품요리

바르셀로나에 살 때 회사 회식 장소였던 고급 레스토랑에서 처음 만난 새끼 장어 요리예요. 당시에는 새끼 장어를 실제로 처음 봤기 때문에 충격적이었죠. 멸치처럼 작은 새끼 장어를 그라탱 그릇에 담아 구운 음식이었는데, 결국 그 비주얼 때문에 먹지는 못했어요. 하지만 스페인에서 꽤 고급 식재료로 취급되더라고요. 저는 이번에 우리에게 익숙한 민물장어로 담백한 지중해식 구이 요리를 만들어봤어요.

Ingredients

민물장어 1마리, 방울토마토 300g, 건포도 3큰술, 올리브 오일 적당량, 밀가루 적당량, 소금 약간, 후춧가루 약간

Marinade 이탤리언 파슬리 5줄기, 마늘 2쪽, 화이트 와인 50ml

How to Cook

1 손질한 장어는 한 조각이 50g 정도가 되도록 자르고 소금, 후춧가루, 밀가루를 뿌린 뒤 꼬치에 가로로 꽂는다.

2 절구에 파슬리와 마늘을 넣고 으깬 뒤 화이트 와인을 넣고 잘 섞어 양념장을 만든다.

3 냄비에 올리브 오일을 두르고 방울토마토, 건포도, 소금, 후춧가루를 넣고 약불에서 서서히 끓인다. 방울토마토의 모양이 허물어지면 불을 끈다.

4 팬에 올리브 오일을 둘러 달구고 장어를 껍질이 있는 면부터 굽는다. (2)의 양념장을 1/2만 넣고 같이 익힌다.

5 접시에 (3)을 깔고 장어를 얹은 뒤 남은 양념장을 뿌린다.

Mar y Montaña

닭고기 새우 조림

2인분

바다와 산에서 나는 식재료로 만든 코스타브라바 향토 음식

바다라는 뜻의 '마르', 산이라는 뜻의 '몬타냐'가 합쳐진 '마르이몬타냐'는 카탈루냐 지역의 향토 음식이에요. 이 지역의 전통 요리로 명절이나 기념일, 파티할 때 주로 먹는 메인 요리랍니다. 보통 닭 한 마리를 통째로 쓰고, 여기에 새우와 같은 해산물을 곁들여 만드는 조림이에요. 레드 와인과 화이트 와인이 모두 잘 어울려 파티에 딱 좋은 메뉴이기도 해요.

Ingredients

닭고기(다리살 순살) 2장, 새우 8마리, 양파 1개, 토마토 1개, 토마토퓌레 200ml, 올리브 오일 4큰술, 코냑 3큰술, 소금 약간, 후춧가루 약간

Marinade 바게트 2조각, 아몬드 10g, 피스타치오 10g, 잣 10g, 마늘 1쪽

Topping 이탤리언 파슬리(다진 것)

How to Cook

1 닭고기는 먹기 좋게 자르고 소금, 후춧가루를 뿌린다. 새우는 내장을 제거한다.

2 양파는 잘게 다지고 토마토는 껍질째 강판에 간다.

3 팬에 올리브 오일을 둘러 달구고 양념장 재료를 넣어 볶은 뒤 절구로 옮겨 으깬다.

4 같은 팬에 올리브 오일을 두르고 닭고기를 노릇하게 구운 뒤 다른 그릇에 옮겨둔다.

5 냄비에 올리브 오일을 두르고 약불에서 양파를 볶는다. 강판에 간 토마토와 토마토퓌레를 넣고 조리다가 코냑을 넣고 더 조린다.

6 새우와 (4)의 닭고기를 넣고 뚜껑을 덮은 상태로 20분간 조린다. ***가끔 냄비를 흔들어준다.**

7 소금, 후춧가루로 간을 한 뒤 그릇에 옮겨 담는다.

8 파슬리를 얹고 (3)의 양념장을 끼얹거나 양념장만 따로 담아 내어도 좋다.

Cogote de Cerdo Asado con Pimentón

4인분

돼지 목살 스테이크와 파프리카 구이

육즙 가득한 식감과 깔끔한 이탤리언 파슬리 소스의 완벽한 조화

스페인에서는 돼지고기 등심을 스테이크처럼 구워서 이탤리언 파슬리 소스를 뿌려 먹어요. 스페인과 달리 한국에서는 구하기 쉬운 돼지고기 목살을 1~1.5cm 두께로 두툼하게 주문해 요리하면 식감이 훨씬 부드럽고 육즙이 살아 있어요. 뿌려 먹는 파슬리 소스는 바질이나 고수 등 취향대로 바꿔서 만들어도 좋아요.

Ingredients

돼지고기(목살 슬라이스) 8장, 빨간 파프리카 2개, 케이퍼 1큰술, 마늘 3쪽, 발사믹 비네거 2큰술, 올리브 오일 적당량, 파프리카 파우더 약간, 소금 약간, 후춧가루 약간

Topping 살사 베르데(184쪽 참고)

How to Cook

1 파프리카는 세로로 길쭉하게 채 썬다. 마늘과 케이퍼는 잘게 썬다.

2 1cm 두께로 슬라이스한 돼지고기에 소금, 후춧가루를 뿌려 밑간을 해둔다.

3 팬에 파프리카를 볶다가 파프리카 파우더, 소금, 후춧가루를 뿌려 간을 하고, 마지막에 발사믹 비네거와 채 썬 케이퍼를 넣고 살짝 볶는다.

4 다른 팬에 올리브 오일을 두르고 돼지고기를 노릇노릇하게 굽는다.

5 접시에 잘 구운 스테이크와 파프리카를 담고, 살사 베르데를 곁들여 낸다.

Tumbet Mallorquín

4인분

마요르카식 채소 오븐구이

스페인 마요르카섬의 전통 채소 요리

쉽고 간단하지만 맛도 좋고, 폼도 나는 요리예요. 스페인 마요르카섬에서 먹는 전통음식인데 프로방스의 라타투유, 시칠리아의 카포나타와 비슷하고 만들기도 간편해요. 그저 마요르카식으로 채소를 층층이 쌓아 오븐에 한 번 구우면 끝이랍니다. 따뜻할 때 먹어도 좋고, 냉장고에 식혀 차갑게 먹어도 좋아요. 가벼운 술안주로도 손색없지요.

Ingredients

토마토 4개, 감자 2개, 가지 2개, 파프리카 3개, 로즈메리 1줄기, 타임 1줄기, 올리브 오일 200ml, 소금 1큰술

Ready

오븐 200℃로 예열하기

How to Cook

1 토마토는 꼭지를 떼고 슬라이스한다.
2 가지와 감자는 0.8cm 두께로 슬라이스하고, 파프리카는 꼭지와 씨를 제거한 뒤 4cm 폭으로 세로로 썬다.
3 팬에 올리브 오일 분량의 2/3를 둘러 가지, 감자, 파프리카를 노릇하게 굽는다.
4 오븐용 내열용기에 구운 감자, 소금 약간, (1)의 토마토 슬라이스, 로즈메리, 타임 순으로 쌓는다.
5 다음은 구운 가지, 소금 약간, 토마토 슬라이스, 로즈메리 순으로, 그다음은 구운 파프리카, 소금 약간, 토마토 슬라이스, 타임 순으로 쌓는다.
6 남은 올리브 오일을 뿌리고 200℃로 예열한 오븐에서 20분간 굽는다.

Brochetas Andaluzas

안달루시아 꼬치구이

4~6인분

아랍 문화의 영향을 받은 안달루시아의 대표적인 고기 요리

지중해의 아프리카 지역 사람들이 주로 먹는 향신료가 많이 들어가는 게 특징인 음식이에요. 돼지고기, 양고기, 소고기 등을 마리네이드할 때 파프리카 파우더, 커민 등의 파우더를 넣어 이국적인 맛을 더해요. 스페인 사람들은 원래 향신료보다는 재료 본연의 맛을 더 즐기는 편인데, 지역 특성상 아랍 문화의 영향을 받은 음식이라고 할 수 있어요. 고수로 만든 소스, 살사 모호를 곁들이는 것도 같은 이유랍니다.

Ingredients

돼지고기(안심) 300g, 양고기(어깨살) 300g, 소고기(안심) 300g, 꽈리고추 10~15개, 양파(깍둑썰기한 것) 15조각, 올리브 오일 적당량, 파프리카 파우더 약간, 소금 약간

Meat Marinade 올리브 오일 50ml, 파프리카 파우더 1큰술, 커민 1큰술, 소금 2작은술, 넛메그 1작은술, 후춧가루 1작은술, 칠리 파우더 약간

Topping 살사 모호(185쪽 참고)

Ready

고기 양념에 재우기(과정 1~2)

How to Cook

1 고기는 각각 한 조각이 20g이 되도록 썬다.
2 고기 양념 재료를 섞어 각 고기에 골고루 버무린 다음 냉장고에서 1시간 이상 재워둔다.
3 꽈리고추는 크기가 크면 반으로 자른다.
4 꼬치에 (2)의 고기와 꽈리고추, 양파를 번갈아 꽂고 채소에 소금을 살짝 뿌린다.
5 달군 그릴팬에 꼬치를 올린 뒤 올리브 오일을 뿌리고 뚜껑을 덮는다. 7~8분 정도 양면을 굽는다.
6 살사 모호를 곁들여 낸다.

Tortilla Española

토르티야 에스파뇰라

4~6인분 | 지름 26cm 프라이팬

감자와 달걀로 만든 스페인 오믈렛

무려 9세기부터 시작된 음식이에요. 그때는 달걀이 귀해서 달걀로만 만든 오믈렛을 특별 메뉴로 여겼다고 해요. 이후 콜럼버스의 신대륙 발견으로 감자가 유입되면서 달걀에 감자를 같이 넣어 만드는 오믈렛으로 업그레이드됐다는 설이 있어요. 쉬운 듯 어려운 요리라서 바르셀로나에서 처음 배울 때 수백 번도 더 구웠던 것 같아요. 요즘은 수강생들이 어려워하는 모습을 보면서 예전의 제 모습을 떠올린답니다.

Ingredients

감자(중) 1kg(6개 정도), 시금치 1/2단, 양파(중) 1개, 달걀 6개, 올리브 오일 100ml, 소금 약간, 후춧가루 약간

How to Cook

1. 감자는 0.5cm 두께로 슬라이스하고, 양파는 가늘게 채 썬다.
2. 시금치는 5cm 폭으로 굵직하게 썬다.
3. 팬에 올리브 오일을 넉넉히 두르고 감자를 볶는다. 감자가 노릇노릇해지면 다른 그릇에 옮긴다.
4. 같은 팬에 양파를 볶다가 시금치를 넣고 함께 볶는다. 올리브 오일이 부족하면 더 넣고 볶는다.
5. 볼에 달걀을 풀고 (3)의 볶은 감자와 양파, 시금치를 넣고 소금과 후춧가루로 간을 한다.
6. 올리브 오일을 둘러 달군 프라이팬에 (5)를 넣고 중불에서 익힌다. 겉이 익으면 약불로 줄여 10분 정도 한쪽 면을 익힌다. * **이때 가끔씩 프라이팬을 흔들어준다.**
7. 큰 접시를 팬 위에 뚜껑처럼 덮고 프라이팬을 뒤집어 접시 위에 오믈렛을 올린다. 그다음, 오믈렛을 다시 프라이팬에 넣고 다른 한쪽 면을 5분 정도 약불에서 익힌다.
8. 같은 방법으로 접시를 이용해 예쁘게 옮겨 담는다.

Almejas con Chistorra

모시조개 치스토라 볶음

4인분

치스토라와 조개만으로 감칠맛이 완성되는 볶음 요리

치스토라는 초리소보다 간이 강해서 잘게 썰어 요리하는 게 좋아요. 특히 볶을 때 나오는 기름의 감칠맛이 일품이라 볶음 요리에 좋답니다. 바르셀로나 시장에 가면 길죽한 맛조개를 많이 볼 수 있는데, 스페인에서는 이 맛조개를 치스토라와 같이 볶아서 먹더라고요. 두 재료의 서로 다른 식감과 감칠맛이 매력적이에요. 맛조개는 계절에 따라 구하기 어려울 수 있어서 모시조개로 대신해봤어요. 역시 잘 어울리더라고요.

Ingredients 모시조개 600g, 치스토라 200g, 올리브 오일 3큰술, 소금 약간, 후춧가루 약간

Ready 모시조개 해감하기

How to Cook

1 치스토라는 1cm 크기로 썬다.

2 작은 팬에 올리브 오일 1큰술을 둘러 달군 뒤 치스토라를 넣고 중불에서 바삭하게 볶는다. 볶은 치스토라는 다른 그릇에 옮겨둔다.

3 큰 팬에 남은 올리브 오일을 둘러 팬을 달군 뒤 모시조개와 소금을 넣고 볶는다. 어느 정도 볶다가 뚜껑을 잘 덮고 3~4분 정도 익힌다.

4 볼에 볶은 모시조개와 치스토라를 넣고 살짝 버무려 그릇에 담는다. 후춧가루를 뿌려 바로 먹는다.

FRANCE

Poulet rôti aux Herbes
허브 로스트 치킨

Cuisse de Poulet au Citron
레몬 닭다리 구이

Bouillabaisse
부야베스

Soupe au Pistou
수프 오 피스투

Daurade grillée à la Marseillaise
마르세유식 도미 오븐구이

Carpaccio Provençal
프로방스식 카르파초

Gratin d'aubergine, Chèvre et Tomates
가지 염소치즈 토마토 조림

Tian de légumes
티안 드 레귐

Gratin d'endives au Jambon
엔다이브 잠봉 그라탱

Pan Bagnat
팡바냐

Pissaladière
피살라디에르

Bœuf en Daube Provençale
프로방스식 뵈프 엉 도브

Cocina Française

프랑스 요리의 특징

20세기 전반에 활약했던 음식 저널리스트 퀴르농스키Curnonsky는 프랑스 요리를 네 가지로 분류했습니다. 첫 번째는 프로가 만드는 고급 요리 '오트 퀴진Haute cuisine', 두 번째는 부르주아 요리의 흐름을 잇는 가정 요리, 세 번째는 프랑스 각 지역에서 계승된 향토 요리, 네 번째는 갓 수확한 채소나 과일, 갓 잡은 고기로 만드는 즉흥 요리입니다.

프랑스 요리라고 하면 대부분의 사람들은 매일매일 프랑스 사람들의 식탁에 오르는 가정 요리보다 확실히 고급 요리를 떠올릴 거예요. 프랑스 식문화는 특히 일상적인 요리와 비교해 고급 요리가 극도로 발달해왔습니다. 중세 이후의 궁정 요리를 기반으로 프로 요리사가 만드는 고급 프랑스 요리는 절대 왕정의 권력을 과시하기 위한 의례를 동반한 식사나 연회를 통해 점점 발전했고, 프랑스 혁명 후에는 레스토랑에서 상품화되면서 시장 경쟁에 의해 더더욱 발전을 하게 됩니다. 부르주아 층이 사회의 주역이 되었던 19세기에는 실질을 중시한 부르주아 요리의 가치관이 고급 프랑스 요리와 뒤섞이게 되었고, 20세기에 들어서면서 프랑스 각 지역의 향토 요리가 재발견되면서 고급 요리도 이로부터 큰 영향을 받게 됩니다. 2010년, 유네스코가 프랑스의 식사 문화를 무형 문화 유산으로 등록한 것도 이러한 역사적 가치를 평가한 결과겠지요.

프랑스 요리가 발전을 거듭해올 수 있었던 또 다른 이유로는 온난한 기후, 농경에 적합한 토지가 국토의 상당수를 차지하고 있으며 이로부터 다양한 농작물을 풍부하게 생산할 수 있었다는 점, 그리고 지중해와 대서양이 가져다 주는 해산물, 수렵육이나 버섯 등 숲으로부터도 식재료를 충분히 얻을 수 있었다는 점, 또, 자국이 자랑하는 생산물과 산지를 보호하기 위해 일찍부터 인증제도를 정비하여 자국의 농어업을 지키면서 동시에 산지에 대한 신뢰를 낳아 요리사들이 자신이 살고 있는 지역의 식재료와 식문화를 의식하며 요리를 연구할 수 있었다는 점 등이 있습니다.

이번에 이 책에서 소개하는 프랑스 지중해 연안 지역의 요리는 이른바 향토 요리의 한 가지입니다. 프로방스-알프-코트다쥐르Provence-Alpes-Côte d'Azur지방과 랑그도크-루시용Languedoc-Roussillon 지방, 그리고 지중해에 떠 있는 코르시카섬Corse을 대표하는 향토 요리입니다.

프랑스 남부의 프로방스 지방이나 랑그도크 지방의 요리는 올리브 오일이 주를 이룹니다. 여름은 기온이 높고 습도가 낮으며, 겨울에도 비교적 온난한 지중해성 기후라 그다지 버터(지방)가 필요하지 않은 탓도 있고, 남프랑스가 올리브 재배가 가능한 북한北限이라는 점도 소비량이 많은 이유 중 하나예요. 특히 프로방스는 '올리브의 고향'이라고도 불리며 질 좋고 값도 좋은 올리브 오일이 풍부하게 생산되기 때문에 요리에도 일상적으로 사용되고 있습니다. 대표적인 것이 이 책에도 소개한 '타프나드'입니다. 올리브의 과육과 그 과즙인 오일로 만드는 이 소스는 프로방스에서는 버터와 같은 존재로 빵이나 채소에 발라 먹거나 고기나 생선의 소스에 사용하는 등 식탁에서 빠지지 않는 조미료입니다.

또, 프로방스 지방은 채소 산지이기도 해서 이를 사용한 요리가 많으며, 신선한 허브도 많이 사용합니다. 허브를 사용한 요리를 '프로방스식'이라고 부르는 것처럼 잎 채소에 허브를 잔뜩 넣은 샐러드와 올리브 오일의 조합은 프로방스 스타일을 연출하는 가장 간단한 방법이에요.

오늘은 허브의 향이 진동하는 남프랑스 요리로 식탁을 차려볼까요?

Poulet rôti aux Herbes

4~6인분

허브 로스트 치킨

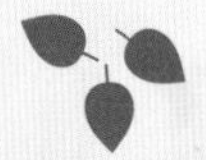

프로방스식 닭고기 오븐구이

예전에 프로방스를 여행할 때, 한 마을의 작은 레스토랑에서 허브 향이 물씬 풍기는 바삭바삭한 닭고기 오븐구이를 먹었던 기억이 나요. 더위에 지친 한여름이었는데, 마치 보양식을 먹은 것처럼 기운이 불끈 났었거든요. 닭고기를 겉은 바삭하고 속은 촉촉하게 굽는 비법은 '프로마주 블랑'이라는 크림치즈를 닭고기 껍질에 바르는 거였더라고요.

Ingredients

토종닭 1마리(약 1.2kg), 마늘 6쪽, 프로마주 블랑 100g, 타임 10g, 로즈메리 10g, 올리브 오일 적당량, 소금 적당량(닭 무게의 2%+), 후춧가루 약간

Ready

오븐 200℃로 예열하기

How to Cook

1 닭의 목, 꼬리, 내장, 지방 등을 제거한 뒤 깨끗이 씻고 키친타월로 물기를 제거한다.

2 닭의 배 쪽에서 세로로 반을 가르고 전체에 닭 무게의 2%에 해당하는 소금을 바른다.
*** 배를 가르면 허브의 향이나 양념이 골고루 잘 배어들고 속까지 빠르게 익힐 수 있다.**

3 프로마주 블랑을 닭 전체에 골고루 바른다.

4 타임, 로즈메리를 닭의 배 안쪽에 집어넣고 주변에 마늘을 얹은 뒤 소금, 후춧가루, 올리브 오일을 뿌린다.

5 200℃로 예열한 오븐에서 30분간 구운 뒤 한 번 뒤집는다.

6 닭의 겉면이 노릇한 갈색이 되는지 확인해 가며 20~30분간 더 굽는다.

Cuisse de Poulet au Citron

레몬 닭다리 구이

4인분

은은한 레몬 향과 부드러운 닭다리살의 조화

지중해 연안에서는 닭 요리를 많이 먹어요. 고기 요리를 할 때는 생 허브나 말린 허브를 사용해 고기 특유의 잡내를 잡는데, 그중 레몬도 고기 요리에 잘 어울리는 재료랍니다. 은은한 향이 식욕을 돋워줄 뿐 아니라 육질을 부드럽게 해주기 때문에 식감이 아주 좋아지거든요.

Ingredients

닭고기(다리살 순살) 4조각, 레몬 1/2개, 타임 4줄기

Meat Marinade 양파(다진 것) 1큰술, 디종 머스터드 50ml, 올리브 오일 2큰술, 꿀 1큰술, 레몬즙 1개분, 소금 1작은술+, 후춧가루 약간

How to Cook

1 볼에 분량의 고기 양념 재료를 넣고 잘 섞는다.

2 (1)에 닭고기를 넣고 레몬을 슬라이스해 넣는다. 타임도 넣어 30분 정도 재운다.

3 팬을 달군 다음, (2)의 닭을 껍질 면부터 중불에서 노릇하게 굽는다. 뒤집어 반대편도 굽다가 뚜껑을 덮고 중약불에서 5분 정도 익힌다. 이때, 양념 재울 때 사용한 레몬 슬라이스도 같이 굽는다. *** 오븐을 사용할 경우, 200℃로 예열한 오븐에서 30분 정도 굽는다.**

Bouillabaisse

부야베스

4인분

마르세유식 해산물 수프

부야베스는 수프지만 메인 디시로도 손색없어요. 지중해 연안의 도시들처럼 한국도 해산물이 풍부하기 때문에 만들어 먹기 좋은 음식이랍니다. 제철 생선 한 마리, 홍합, 바지락, 오징어를 사서 양파와 마늘, 토마토를 적당한 크기로 잘라 큰 냄비에 넣어 끓이기만 하세요. 큰맘 먹고 산 품질 좋은 올리브 오일이 있다면 마르세유 스타일의 부야베스를 만들기에 부족함이 없답니다. 딱 한 가지만 주의하세요. 끓기 시작하면 불에서 바로 내리세요. 오래 끓이면 해산물들이 질겨져요.

Ingredients

조개류(홍합, 바지락, 백합 등) 600g, 흰 살 생선(대구, 도미, 우럭 등) 400g, 가리비 4개, 새우(대) 4개, 감자 2개, 양파 1개, 방울토마토 10개, 마늘 4쪽, 오렌지 껍질 1개분, 팔각 1개, 사프란 12가닥, 부케 가르니✦ 1묶음, 생선육수 1L, 올리브 오일 2큰술, 소금 약간, 후춧가루 약간

✦ 부케 가르니 Bouquet Garni : 월계수잎, 타임, 바질, 세이지 등을 묶어 만든 향신 재료

Ready

바지락, 백합 해감하기 | 생선육수 만들기(191쪽 참고)

How to Cook

1 새우, 가리비, 생선, 홍합, 바지락, 백합 등 준비한 해산물을 손질한다.

2 양파와 마늘은 다지고, 감자는 슬라이스한다.

3 냄비에 올리브 오일을 두르고 양파, 마늘을 볶다가 양파가 투명해지면 감자를 넣고 볶는다. 팔각, 부케 가르니를 더하고, 생선육수를 붓는다.

4 방울토마토, 오렌지 껍질, 사프란을 추가로 넣고 약불에서 20분간 끓인다.

5 (1)의 해산물을 모두 넣고 20분간 더 끓인 뒤 소금, 후춧가루로 간한다.

Soupe au Pistou

수프 오 피스투

4~6인분

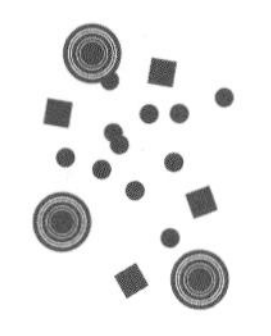

바질 페이스트를 곁들인 채소 수프

'피스투'는 이탈리아의 바질 페이스트와 비슷해요. 하지만 잣이 들어간 이탈리아의 바질 페이스트와 달리 프랑스의 피스투는 양질의 올리브 오일이 맛을 좌우해요. 우리나라도 김치찌개, 된장찌개가 집집마다 엄마 손맛에 따라 조금씩 맛이 다른 것처럼 이 수프도 마찬가지예요. 집집마다 소금과 후춧가루, 곁들이는 식재료에 따라 맛이 다 달라요. 추억과 향수가 깃든 자신만의 솔푸드임에는 틀림없어요.

Ingredients

감자 2개, 단호박 1/6개, 애호박 1/2개, 당근 1/2개, 양파 1/2개, 대파 1대, 수프용 파스타 80g, 물 2L, 올리브 오일 4큰술, 소금 1큰술, 후춧가루 약간

Topping 피스투(186쪽 참고)

How to Cook

1 감자, 단호박, 애호박, 당근, 양파는 1cm 크기로 깍둑썰기한다. * **단호박은 씨를 긁어내고 사용한다.**
2 대파는 흰 부분만 1cm 길이로 둥글게 썬다.
3 냄비에 올리브 오일을 두르고 양파, 대파를 넣고 볶는다.
4 양파가 투명해지면 나머지 채소를 넣고 계속 볶다가 물을 붓고 강불에서 끓인다.
5 물이 끓기 시작하면 중불로 줄이고 당근이 어느 정도 익을 때까지 서서히 끓인다.
6 수프용 파스타를 넣고 섞은 뒤 소금, 후춧가루로 간한다.
7 뚜껑을 덮고 5분 정도 약불에서 익힌다.
8 수프 그릇에 담고 피스투를 얹어 낸다.

Daurade grillée à la Marseillaiset

마르세유식 도미 오븐구이

4인분

생선 한 마리의 진한 풍미로 완성되는 일품요리

어느 유명 셰프가 만든 이 요리의 사진을 본 적이 있는데, 비주얼이 멋져서 한눈에 반했어요. 그런데 유심히 사진을 보니 마늘, 그린 토마토, 고추, 케이퍼 등 한국에서도 쉽게 구할 수 있는 재료들이더라고요. 바로 만들어봤죠. 수업에서도 소개했더니 수강생들 반응이 뜨거웠어요. 대저토마토가 나올 때쯤 꼭 한번 만들어보세요. 쉽고 폼 나는 요리로 그만입니다.

Ingredients

참돔 1마리, 대저토마토 2개, 오이고추 6개, 마늘 10쪽(또는 통마늘을 가로로 반 가른 것), 블랙 올리브 15개, 케이퍼베리 20g, 타임 3줄기, 올리브 오일 적당량, 소금 약간, 후춧가루 약간

Topping 앙쇼이야드(186쪽 참고)

Ready

오븐 190℃로 예열하기

How to Cook

1. 도미는 통째로 손질해 소금을 조금 뿌려둔다.
2. 오븐용 팬에 올리브 오일, 소금을 뿌리고 도미를 중앙에 올린 뒤 그 위에 타임 2줄기를 올린다.
3. 주변에 1cm 두께로 슬라이스한 대저토마토, 오이고추, 마늘, 올리브, 케이퍼베리를 얹고 소금, 올리브 오일을 뿌린다.
4. 190℃로 예열한 오븐에서 20~30분간 생선의 색을 확인해가며 노릇하게 굽는다.
5. 구운 도미 위에 타임 1줄기를 올리고, 후춧가루를 뿌린다. 취향에 따라 앙쇼이야드를 곁들여 먹는다.

Carpaccio Provençal

프로방스식 카르파초

2인분

심플하고 신선한 전채 요리, 또는 와인 안주

신선한 흰 살 생선(활어)을 우리나라 회처럼 쳐서 올리브 오일, 허브, 소금에 버무려 먹는 일종의 전채 요리랍니다. 만들기도 쉬워서 더운 여름날 시원한 화이트 와인 안주로 추천해요. 특히 우리나라는 마트에서 손질된 회를 쉽게 구할 수 있으니까 질 좋은 올리브 오일만 준비하면 된답니다. 참 쉽죠? 취향에 따라 피스투를 곁들여 보세요.

Ingredients

흰 살 생선(광어, 도미 등) 횟감 80~100g, 올리브 오일 2~3큰술, 레몬즙 1큰술, 백설탕 1/2작은술, 소금 약간, 후춧가루 약간

Topping 딜 2줄기, 라임 제스트, 피스투(186쪽 참고)

How to Cook

1 생선 횟감은 아주 얇게 포를 떠서 그릇에 담은 후 설탕과 레몬즙을 뿌리고 잠시 놔둔다.
*** 레몬즙은 생선의 비릿함을 줄이고 식감과 풍미를 돋운다.**

2 접시에 올리브 오일을 충분히 부은 뒤 (1)의 회를 담는다.

3 소금과 후춧가루를 뿌리고 딜과 라임 제스트를 올린다. 취향에 따라 피스투를 곁들인다.

Gratin d'aubergine, Chèvre et Tomates

가지 염소치즈 토마토 조림

4인분

지중해다운 채소, 가지로 만드는 메인 디시

지중해 여러 나라를 여행하다 보면 시장이든 레스토랑에서든 자주 볼 수 있는 채소 중 하나가 가지랍니다. 구이, 조림, 튀김 등 다양한 조리법으로 요리에 이용되지요. 여기에 소개하는 요리는 토마토소스를 넣고 만든 조림이에요. 토마토 소스에 생토마토를 다져 넣으면 식감이 살아나고 깊은 감칠맛이 더해지니까 귀찮더라도 꼭 생토마토를 넣어주세요. 보기에는 쉬워 보이는데, 이 요리의 비법은 가지를 굽는 과정에 있어요. 번거로워도 그 맛이 자꾸 떠올라 자주 만들고 싶어질 거예요.

Ingredients

가지 4개, 염소치즈 200g, 파르미지아노 레지아노 150g, 바질잎 50g, 올리브 오일 적당량, 소금 약간, 후춧가루 약간

Tomato Sauce 토마토 3개, 양파 1개, 토마토퓌레 200ml, 소금 약간

Ready

오븐 150℃로 예열하기

How to Cook

1. 가지는 잘 씻어서 0.5cm 두께로 길게 슬라이스하고 양파와 토마토, 바질잎은 잘게 다진다. 염소치즈는 1cm 크기로 깍둑썰기한다.
2. 가지에 소금, 후춧가루를 뿌리고 올리브 오일을 바른 뒤 150℃로 예열한 오븐에서 20분간 굽는다.
3. 팬에 올리브 오일을 두르고 양파를 볶다가 토마토, 토마토퓌레, 소금을 넣고 조려 토마토 소스를 만든다.
4. (2)의 가지 한 장을 펼쳐 다진 바질잎과 염소치즈를 얹은 뒤 다른 가지로 덮는다. 이 과정을 반복한다.
5. 토마토 소스를 팬에 골고루 펼친 뒤 (4)의 가지를 올린다. 파르미지아노 레지아노를 그레이터로 갈아 듬뿍 올리고 뚜껑을 연 상태에서 치즈가 노릇하게 될 때까지 굽는다.

Tían de légumes

티안 드 레귐

4인분

프로방스식 여름 채소 오븐구이

티안 드 레귐은 야채를 얇게 썰어 얕은 오븐용 토기 접시에 늘어놓고, 허브를 듬뿍 사용해 오븐에서 구운 프로방스 지방의 심플한 요리입니다. 티안tian은 뚜껑이 없는 타진 냄비고, 레귐légumes은 야채라는 뜻이에요. 토마토나 주키니, 가지 등 여름 채소를 활용하는 일품요리 또는 사이드 디시로 먹어요. 파르미지아노 레지아노, 빵가루를 토핑해서 고소한 맛을 냈어요. 이제 흔한 라타투유 대신에 만들어보세요!

Ingredients

가지 1개, 토마토 1개, 주키니 1개, 마늘 2쪽, 올리브 오일 2큰술, 화이트 와인 2큰술, 빵가루 2큰술, 로즈메리(또는 타임) 2줄기, 에르브 드 프로방스 약간, 소금, 후춧가루 약간

Topping 빵가루, 파르미지아노 레지아노

Ready

오븐 180℃로 예열하기

How to Cook

1 가지, 토마토, 주키니는 0.8cm 두께로 동그랗게 슬라이스한다. 마늘은 잘게 다진다.

2 원형 오븐용기 또는 원형 그라탱 용기에 토마토, 주키니, 가지를 순서대로 동그랗게 포개어 겹쳐 넣고 사이에 다진 마늘과 에르브 드 프로방스, 소금, 후춧가루를 뿌린다.

3 빵가루를 뿌리고, 올리브 오일과 화이트 와인을 뿌린 뒤, 로즈메리 줄기를 올린다.

4 180℃로 예열한 오븐에서 20분간 굽는다.

5 파르미지아노 레지아노를 그레이터로 갈아 듬뿍 올린다.

Gratin d'endives au Jambon

2인분

쌉싸름한 엔다이브와 크리미한 크림소스가 어우러진 남프랑스의 가정 요리

엔다이브는 쓴맛이 있어 다른 요리들의 토핑으로 곁들여 먹거나 딥소스에 찍어 먹는 게 보통이랍니다. 남프랑스에서는 엔다이브와 펜넬을 잠봉에 넣고 돌돌 말아서 부드러운 크림소스에 넣고 그라탱으로 만들어 먹는데, 한 숟가락 떠서 먹을 때 층층이 느껴지는 서로 다른 식감 때문에 먹는 재미가 있어요.

Ingredients

엔다이브 2개(약 250g), 잠봉 6장, 펜넬 1개, 세미드라이 치즈(그뤼에르, 파르미지아노 레지아노, 에담, 체더, 고다 등을 간 것) 1컵, 베샤멜 소스✦ 적당량, 올리브 오일 적당량

Ready

오븐 200℃로 예열하기

How to Cook

1 엔다이브는 심을 제거한 뒤 잎을 낱장으로 떼고, 펜넬은 결대로 가늘게 썬다.

2 엔다이브와 펜넬 모두 찬물에 잠시 담가두었다가 물기를 제거한 뒤 달군 팬에 올리브 오일을 두르고 살짝 볶는다.

3 분량의 재료를 섞어 베샤멜 소스를 만든다.

4 잠봉 위에 (2)의 엔다이브 잎과 펜넬을 적당량 올려 함께 말아 오븐팬에 올린다.

5 베샤멜 소스를 붓고 세미드라이 치즈를 뿌린다.

6 200℃로 예열한 오븐에서 윗면이 노릇해질 때까지 20분 정도 굽는다.

✦ 베샤멜 소스 Béchamel sauce

Ingredients

무염버터 50g, 우유(미지근하게 데운 것) 400ml, 생크림 100ml, 밀가루 50g, 넛메그 적당량, 소금 약간, 후춧가루 약간

How to Cook

1 냄비에 버터를 넣고 약불로 녹인다.

2 버터가 녹아 거품이 생기기 시작하면 밀가루를 더해 나무주걱으로 섞으면서 계속해서 약불에서 볶는다.

3 잘 섞이면 일단 불을 끈 뒤 우유와 생크림을 조금씩 붓고 다시 약불로 불을 켠 후 한꺼번에 섞는다.

4 전체적으로 잘 섞여 부드러운 크림 상태가 되면 넛메그를 넣고 소금, 후춧가루로 간을 한다.

5 1주일간 냉장 보관 가능하며 냉동 보관은 한 달간 가능하다.

Pan Bagnat

팡바냐

4인분

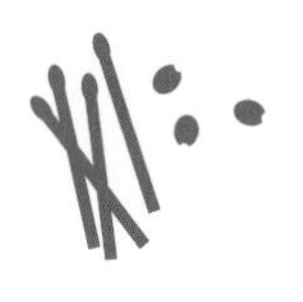

프랑스 니스의 샌드위치

프랑스에서 인상 깊게 먹어본 맛을 그대로 재현해줄 레시피를 찾지 못하고 있었는데, 남프랑스에서 완벽한 레시피를 발견했어요. 그걸 활용해서 만들어봤는데 꽤 만족스럽더라고요. 이 샌드위치의 포인트는 '토마토 비네거'라는 소스인데요. 이 상큼한 소스를 빵에 바르는데, 한입 베어 먹을 때마다 입안에서 느껴지는 상큼한 자극이 별미예요.

Ingredients

포카치아(25x25cm) 1장, 잎채소 10~12장, 토마토(중) 3~4개, 오이고추 3~4개, 양파 1개, 아스파라거스 10줄기, 정어리 통조림 1캔(125g), 블랙 올리브 3큰술, 달걀(삶은 것) 3~4개, 케이퍼베리 3큰술, 올리브 오일 적당량, 소금 약간, 후춧가루 약간

Tomato Vinegar 방울토마토 6개, 양파 1/4개, 마늘 1쪽, 올리브 오일 150ml, 셰리 와인 비네거 100ml, 디종 머스터드 1큰술, 바질 약간, 소금 약간, 후춧가루 약간

Ready

잎채소 씻어 물기 제거하기 | 달걀 완숙으로 삶기

How to Cook

1. 토마토, 양파, 오이고추, 삶은 달걀은 0.5mm 두께로 슬라이스하고, 아스파라거스는 손질 후 소금물에 데친다.
2. 올리브는 세로로 반으로 썰고, 케이퍼베리는 알이 큰 것만 반으로 자른다.
3. 분량의 재료를 모두 믹서에 넣고 갈아 토마토 비네거를 만든다.
4. 포카치아를 반으로 가르고 하단 단면에 (3)의 토마토 비네거를 바른다.
5. 그 위에 잎채소, 토마토, 양파, 고추, 아스파라거스 순으로 올려 쌓고, 정어리도 손으로 적당한 크기로 찢어 얹는다.
6. 마지막으로 케이퍼베리, 올리브, 달걀 순으로 얹은 뒤 소금, 후춧가루, 올리브 오일을 뿌린다.
7. 포카치아 윗면으로 덮고 적당한 크기로 자른다.

Pissaladière

4~6인분

피살라디에르

볶은 양파와 앤초비, 올리브를 쌓아 올린 빵

니스의 전통 요리인 '피살라디에르'는 앤초비의 퓌레를 의미하는 '피살라Pissalat'이라는 단어에서 유래됐어요. 달콤한 맛이 날 때까지 볶은 양파와 앤초비, 토마토의 조합이 기본인데, 앤초비와 마늘을 퓌레로 만든 심플한 것 등 다양한 버전이 있어요. 지중해식으로 얇게 구운 파이 시트를 이용하거나 시중에서 판매하는 바게트를 잘라 구워도 좋아요.

Ingredients

바게트 1개, 양파 1kg, 블랙 올리브 24개, 앤초비 16마리, 타임잎 2큰술, 버터 40g, 올리브 오일 1큰술, 소금 약간, 후춧가루 약간

How to Cook

1 바게트는 1cm 두께로 썰고, 올리브는 가로로 슬라이스하고, 양파는 가늘게 채 썬다.

2 팬에 버터와 올리브 오일을 넣고, 양파와 타임잎 1큰술을 넣은 후 가볍게 볶은 뒤 소금과 후춧가루로 간한다.

3 뚜껑을 덮고 약불에서 30분간 찐다. 중간중간 양파가 바닥에 눌어붙지 않도록 나무주걱으로 저으며 옅은 갈색이 될 때까지 볶는다.

4 오븐팬에 올리브 오일을 바르거나 베이킹 시트를 깔고 그릴틀을 올린다. 바게트를 그릴틀에 놓고 윗면에 붓으로 올리브 오일을 바른 뒤 (3)의 양파를 올린다.

5 (4)에 앤초비를 올리고 중앙에 슬라이스한 올리브를 얹은 다음 그릴에서 6~7분간 굽는다. 이때 남은 타임잎 1큰술로 장식을 해도 좋다. * **오븐을 사용한다면 180℃로 예열 후 앤초비의 비릿한 맛을 없애고 바게트가 노릇해지도록 5분간 살짝 굽는다.**

Bœuf en Daube Provençale

프로방스식 뵈프 엉 도브

4~6인분

프로방스의 대표 소고기 스튜

프로방스 지방의 대표적인 요리로 진한 레드 와인과 올리브 오일, 양파, 오렌지 껍질을 넣어 만든 소고기찜이에요. 본래는 '도비에르daubière'라고 하는 테라코타 재질의 토기를 사용해 만들기 때문에 '도브daube'라고 불리는데, 이 토기로 천천히 삶듯이 익히면 채소와 고기의 맛이 어우러져 깊은 맛이 나지요. 토기가 없으면 속이 살짝 깊고 바닥이 두꺼운 냄비로 대신해도 된답니다.

Ingredients

소고기(앞다리살 또는 우둔살) 1kg, 베이컨 150g, 블랙 올리브 1컵, 당근 1/2개, 마늘 3쪽, 토마토퓌레 300g, 파슬리 3줄기, 타임 2줄기, 월계수잎 1장, 소금 약간, 후춧가루 약간

Meat Marinade A 양파 1개, 당근 1/2개, 셀러리 1대, 올리브 오일 100ml

B 파슬리 2줄기, 마늘 1쪽, 통후추 3알, 월계수잎 1장, 레드 와인 120ml

Topping 이탤리언 파슬리(굵게 다진 것)

Ready

소고기 마리네이드하기(과정 1~3) | 오븐 170℃로 예열하기

How to Cook

1 마리네이드용 양파, 당근, 셀러리, 파슬리 줄기는 채 썰고, 마늘은 잘게 다진다.

2 냄비에 마리네이드 재료 A를 넣고 중불에서 한소끔 끓인다. 2분 정도 끓이다가 마리네이드 재료 B를 넣고 약불에서 20분간 졸인 뒤 식힌다.

3 소고기를 요리용 실로 묶어 냄비에 넣고 (2)의 마리네이드 양념을 붓는다. 뚜껑을 덮고 냉장고에서 12시간 재운다.

4 베이컨은 1cm 폭으로 채 썰고 당근은 3cm 크기로 먹기 좋게 자른다. 마늘은 잘게 다진다.

5 (3)에 베이컨, 당근, 마늘과 월계수잎, 파슬리, 타임을 넣고 뚜껑을 덮어 170℃로 예열한 오븐에서 2시간 동안 익힌다.

6 오븐에서 냄비를 꺼내 씨를 제거한 올리브와 토마토퓌레, 후춧가루를 넣고 소금으로 간을 한 후, 다시 뚜껑을 덮어 오븐에서 약 30분간 더 익히면 완성된다.

7 소고기는 두툼하게 썰어 바게트나 파스타를 곁들이고 파슬리로 장식해 식탁에 낸다.

ITALY

Pasta alla Norma
파스타 알라 노르마

Polpo affogato alla Siciliana
시칠리아식 문어 스튜

Paccheri all'Acqua pazza
캄파니아식 아쿠아파차 파케리

Ragù alla Calabrese
칼라브리아식 라구 부카티니

Tiella Pugliese
풀리아식 감자 홍합 밥

Polpette con Mozzarella e Pomodoro
모차렐라 앤초비 토마토 폴페테

Petto Di Pollo Al Gorgonzola e Capperi
고르곤졸라 케이퍼 닭가슴살 말이

Tarongia
시칠리아식 올리브 오일 튀김 빵

Frittata Bicolore
2색 프리타타

Antipasti di Verdura
3가지 채소 마리네이드 안티파스티

Arancini di riso con Funghi e Mozzarella
버섯 치즈 아란치니

Caponata Estiva
카포나타

Cucina Italiana

이탈리아 요리의 특징

목이 긴 장화에 자주 비유되며 남북으로 길게 늘어져 있는 이탈리아는 지형 덕분에 다양한 차이가 발생합니다. 지역에 따라 기후와 풍토, 특산물이 다르기 때문에 요리도 지역적으로 차이가 존재하죠. 또, 이탈리아가 지금처럼 통일된 것은 1870년의 일로, 이전에는 각 지방이 도시 국가로서 독립해 있었기 때문에 각각 전통적인 식문화 속에 개성적인 향토 요리를 발전시켜왔습니다.

한편, 이탈리아 요리의 역사는 기원전 로마제국 시대까지 거슬러 올라갑니다. 당시 유복한 로마인들 사이에서는 솜씨 좋은 요리사를 모아 호화로운 요리를 선보이는 게 유행했었고, 요리사들도 밤낮으로 새로운 요리 만들기에 몰두하면서 주변 국가의 추종을 불허하는 멋진 식문화가 육성되었죠. 그리고 이 식문화는 로마제국의 발전과 함께 유럽 각지에 퍼져나갔던 것입니다. 16세기, 피렌체의 명문 귀족 메디치가의 카트린이 프랑스 왕국의 앙리 2세와 결혼하면서 이탈리아의 솜씨 좋은 요리사들을 많이 프랑스로 데리고 갔다는 이야기는 유명하지요.

삼면이 바다에 둘러싸이고 비교적 온난한 지중해성 기후인 이탈리아를 크게 두 지역으로 나누면 북부에서는 연질 보리와 쌀을 재배하고 낙농업이 발달했으며, 남부에서는 경질 보리와 채소, 과일을 재배하고 어업이 발달해 식재료가 그야말로 다양하고 풍부합니다. 포강(롬바르디아주와 에밀리아로마냐주의 경계를 흐르는 강) 유역은 유럽 제일의 쌀 생산지로, 한국인에게는 친숙한 쌀 요리(각종 리소토)도 발달해 있지요. 또, 남부 지역 요리에 특히 더 잘 나타나지만, 이탈리아 요리는 매우 색채가 풍부해 빨강, 노랑, 초록 등 식재료가 지닌 선명한 색채도 음식 맛을 즐기는 데 한몫하고 있습니다.

이탈리아 요리와 올리브 오일의 관계는 올리브 오일의 특성을 살려 만드는 스페인 요리와 차이가 있습니다. 올리브 오일도 와인 고르기와 비슷해서 '그 지역의 요리에는 그 지역의 오일을 써야 한다'는 말이 있는 것처럼, 생산지에 따라 풍미가 다른 올리브 오일 중에서 자기 취향의 맛을 알고, 오일의 산지도 알면 이탈리아 요리를 만들기 쉬워집니다.

올리브 오일에는 생산지의 기후와 풍토가 반영되므로 식재료와 같은 땅에서 난 오일로 만들 것, 스페인산 올리브 오일보다 오일 자체의 맛에 특징이 있기 때문에 소금은 적게 넣고 다른 조미료는 불필요하므로 양질의 올리브 오일을 듬뿍 뿌릴 것, 이 두 가지가 이탈리아 요리를 맛있게 만드는 비결입니다.

이 책에서는 이탈리아 요리 중에서도 시칠리아섬을 비롯해 지중해 연안에 접하고 있는 지역의 요리를 소개합니다.

Pasta alla Norma

파스타 알라 노르마

4인분

세미드라이드 토마토와 앤초비, 가지로 맛을 낸 시칠리아식 파스타

세미드라이드 토마토와 앤초비, 가지로 맛을 내는 간단한 파스타 요리예요. 메뉴에 '노르마'라고 붙어 있으면 보통 가지를 사용하는 요리를 말해요. 가지를 이탈리아에 처음으로 전파한 아랍 사람들이 시칠리아섬에 많이 살았기 때문에 이 파스타 요리가 시칠리아섬의 대표 메뉴가 되었다고 하네요.

Ingredients

세미드라이드 토마토 500g, 파스타(스파게티, 펜네 등) 400g, 가지 3개, 앤초비 4마리, 마늘 2쪽, 올리브 오일 50ml, 식용유(튀김용) 적당량, 소금 약간, 후춧가루 약간

Topping 파르미지아노 레지아노(간 것) 1/2컵, 바질잎

Ready

세미드라이드 토마토✦ 만들기(시판 제품 대체 가능)

How to Cook

1 가지를 반으로 자른 뒤 2cm 폭으로 둥글게 썬다. 앤초비는 다지고, 마늘은 저민다.

2 가지를 볼에 넣고 소금을 뿌려 30분 정도 절인 뒤 가지에서 나온 물기를 키친타월로 닦아낸다.

3 180℃의 식용유에 (2)의 가지를 엷은 갈색이 돌 때까지 튀겨낸 뒤 키친타월로 기름기를 닦아낸다.

4 깊은 냄비에 물을 넉넉히 붓고 불에 올려 물이 끓으면 소금을 넣고 파스타를 알 덴테 상태로 삶는다.

5 팬에 올리브 오일을 두르고 저민 마늘을 엷은 갈색이 돌 때까지 약불에서 볶는다.

6 세미드라이드 토마토를 넣고 5분 정도 함께 볶다가 다진 앤초비, (3)의 튀긴 가지를 넣고 소금, 후춧가루로 간을 한다.

7 삶은 파스타를 넣어 살짝 섞고 그릇에 담는다.

8 파르미지아노 레지아노를 그레이터로 갈아 뿌리고, 바질잎으로 장식한다.

✦ 세미드라이드 토마토 Semi-dried Tomatoes

Ingredients

방울토마토 1kg, 올리브 오일 200ml(건조한 토마토가 잠길 정도), 발사믹 비네거 3~5큰술, 타임(말린 것) 1작은술, 소금 1큰술

Ready

오븐 120℃로 예열하기

How to Cook

1 방울토마토를 씻어서 꼭지를 제거한 후 반으로 자른다.

2 오븐팬에 쿠킹시트를 깔고 그 위에 토마토 단면이 위로 오도록 놓은 다음 소금, 타임, 올리브 오일, 발사믹 비네거를 뿌린다.

3 120℃로 예열한 오븐에서 1시간 30분 정도 굽고 취향에 맞게 건조한다.

4 소독한 용기에 (3)을 넣고 그것이 잠길 정도로 올리브 오일을 붓는다. 취향에 따라 타임을 더 넣어도 좋다.

5 냉장고에서 2주일 정도 보관 가능하다.

Polpo affogato alla Siciliana

시칠리아식 문어 스튜

4~5인분

시칠리아의 여름 보양식 문어 스튜

시칠리아에서는 여름에 문어 숙회를 많이 먹어요. 마치 한국에서 여름에 보양식으로 문어 한 마리를 통째로 맑은 탕에 넣어 먹는 것처럼요. 레몬, 올리브 오일, 소금으로만 간하는데, 이때 문어를 삶은 육수에 병아리콩을 같이 넣어 스튜 육수를 만들면 그 국물이 기가 막혀요. 맛도 맛이지만 단백질이 듬뿍 들어 있으니 보양식이 따로 없죠.

Ingredients

문어 1kg, 대추토마토 20개, 홀토마토(캔) 400g, 병아리콩(캔) 400g, 케이퍼(굵게 다진 것) 1큰술, 그린 올리브(굵게 다진 것) 1큰술, 올리브 오일 적당량, 마스코바도 설탕(또는 설탕) 1큰술, 소금 약간, 후춧가루 약간

Octopus broth 양파 1/2개, 셀러리 1대, 마늘 3쪽, 월계수잎 5장, 고수씨 1작은술

Topping 살사 베르데(187쪽 참고)

How to Cook

1 냄비에 손질한 문어와 문어 육수 재료, 문어가 잠길 정도의 물을 넣고 중불에서 한소끔 끓인 뒤 약불로 줄여 1시간 정도 서서히 삶는다.

2 문어는 건져내고 국물은 체에 걸러 스튜용 냄비에 담고 양이 반으로 줄어들 때까지 끓인다.

3 (2)에 대추토마토, 홀토마토, 마스코바도 설탕을 넣고 20분 정도 졸인다. 병아리콩, 케이퍼와 올리브를 넣고 3~5분 더 졸인 다음 소금, 후춧가루로 간을 한다. * **마스코바도 설탕이 없으면 일반 설탕으로 대체 가능합니다. 설탕을 넣어 졸이면 토마토의 단맛을 배가할 수 있어요.**

4 삶은 문어의 다리를 길게 잘라 올리브 오일을 두른 팬에서 노릇하게 굽는다.

5 수프 그릇에 (3)을 담고, 노릇하게 구운 문어 다리를 올린다. 살사 베르데를 곁들여 먹는다.

Paccheri all'Acqua pazza

2인분

캄파니아식 아쿠아파차 파케리

나폴리의 주도인 캄파니아의 향토 음식

만들기 쉬운데, 맛도 좋고, 폼 나는 요리. 제가 가장 선호하는 요리랍니다. 싱싱한 흰 살 생선이 가장 중요한 식재료인데요, 눈볼대(금태)나 도미, 옥돔, 우럭 등이 좋아요. 특히 제철 금태는 가장 추천하는 생선인데요, 금태에서 우러나오는 깊은 맛이 고급스럽답니다. 탄수화물이 빠지면 아쉬우니 두꺼운 파스타, 파케리를 그 육수에 넣어 함께 끓이면 좋아요. 파케리 대신 리카토니를 활용해도 좋고요.

Ingredients

흰 살 생선 1마리, 방울토마토 10개, 마늘 4쪽, 파케리 200g, 물 100ml+2L(파스타 삶는 용), 올리브 오일 2큰술, 소금 20g(파스타 삶는 용)+적당량, 후춧가루 약간

Topping 이탤리언 파슬리(굵게 다진 것) 1큰술, 파르미지아노 레지아노 약간

How to Cook

1 생선은 내장을 제거하고 소금을 뿌려둔다.

2 마늘은 저민다.

3 팬에 생선, 마늘, 방울토마토를 넣고 생선이 반 정도 잠길 만큼 물을 부은 뒤 올리브 오일을 넣고 강불에서 한소끔 끓인다.

4 소금, 후춧가루로 간을 하고 뚜껑을 덮어 중약불로 5분 정도 끓인다.

5 깊은 냄비에 물을 넉넉히 붓고 파케리를 상품 설명서대로 삶는다. 삶아지면 체에 밭쳐 물기를 뺀 뒤 볼에 담고 (4)의 육수 한 국자를 넣고 버무린다.

6 접시에 (4)를 담고 (5)의 파케리를 옆에 올리고, 나머지 국물을 끼얹는다. 취향에 따라 파슬리와 치즈로 장식한다.

Ragù alla Calabrese

칼라브리아식 라구 부카티니

2인분

칼라브리아식 캐주얼한 한 끼 식사, 라구 파스타

이탈리아 남서부 끝에 있는 칼라브리아 지역에서 자주 먹는 돼지고기 라구 소스 파스타인데요. 북부와 중부 이탈리아는 생면 파스타를 많이 먹는데, 아무래도 남부 지역은 날씨가 덥다 보니 생면보다는 건조면을 주로 먹어요. 이탈리아 동쪽 지중해 연안 지역에서는 돼지고기를 넣은 라구 소스에 부카티니 면으로 만든 파스타가 가장 대중적이랍니다.

Ingredients

홀토마토(캔) 200g, 돼지고기(목살) 100g, 마늘 2쪽, 부카티니 200g, 닭육수 100ml, 화이트 와인 50ml, 올리브 오일 2큰술, 소금 1작은술+적당량, 후춧가루 약간

Soffritto 셀러리 1대, 양파 1/2개, 당근 5cm, 청양고추 1개

Topping 페코리노 로마노

Ready

닭육수 만들기(190쪽 참고) | 돼지고기 소금에 재우기(과정 1)

How to Cook

1 돼지고기 겉에 소금을 묻혀 1시간 이상 냉장고에서 재운다. 고기 표면이 붉어지면 1cm 두께로 얇게 저민다.

2 마늘은 으깨고, 소프리토 재료인 양파, 셀러리, 당근, 고추는 잘게 다진다.

3 냄비에 물을 넉넉히 붓고 부카티니를 제품 설명서대로 삶아 체에 밭쳐 물기를 뺀다.

4 팬에 올리브 오일을 두르고 달군 뒤 으깬 마늘을 넣어 볶다가 향이 올라오면 건져 버린다.

5 같은 팬에 잘게 다진 소프리토 재료를 넣고 중불에서 천천히 볶아 익힌다.

6 (5)에 (1)의 고기를 넣고 볶다가 홀토마토, 화이트 와인, 닭육수를 더해 중약불에서 30분간 조린다. 소금, 후춧가루로 간을 하고 불을 끈다.

7 (3)의 삶은 부카티니를 넣어 버무린 뒤 접시에 담고 페코리노 로마노를 뿌려 낸다.

Tiella Pugliese

풀리아식 감자 홍합 밥

4인분

집집마다 대대로 내려오는 소박한 시골 가정식

이탈리아의 '장화 발꿈치'라고 불리는 풀리아 지역에서 집안 대대로 내려오는 가정식 중 하나라고 해요. 우리도 집집마다 젓갈이나 장아찌처럼 할머니 때부터 내려오는 레시피들이 있잖아요. 이 감자 홍합 밥이 풀리아 지역의 그런 향토 음식인데요, 소박해 보이지만 맛도 좋고 든든한 건강식이랍니다.

Ingredients

홍합 1kg, 쌀 200g, 감자(대) 2개, 토마토(대) 2개, 양파 2개, 마늘 3쪽, 타임 2줄기, 화이트 와인 250ml, 올리브 오일 적당량, 소금 약간, 후춧가루 약간

Topping 빵가루 30g, 페코리노 로마노 30g, 이탤리언 파슬리(굵게 다진 것) 약간

Ready

오븐 180℃로 예열하기

How to Cook

1 홍합은 수염을 제거하고 깨끗하게 씻어 냄비에 화이트 와인, 타임과 같이 넣고 뚜껑을 덮은 상태에서 2분간 익힌다.

2 홍합은 분량의 1/2 정도만 살을 발라내고 나머지 반은 한쪽 빈 껍데기만 제거한다. 홍합 삶은 국물도 버리지 말고 볼에 담아둔다.

3 양파는 길게 채 썰고 마늘은 다진다. 감자와 토마토는 0.5cm 두께로 슬라이스한다.

4 팬에 올리브 오일을 두르고 양파와 마늘을 볶는다.

5 도자기 냄비(티엘라) 바닥에 (4)의 볶은 양파, 슬라이스한 감자와 토마토, 홍합 살, 쌀, 소금, 후춧가루 순으로 2회 켜켜이 담고, (2)에서 담아둔 홍합 국물로 밥물을 맞춘다. * **쌀은 전분기를 유지하기 위해 씻지 않고 사용한다. 위생이 우려된다면 가볍게 1회만 씻어 물기를 제거한 뒤 사용한다.**

6 껍데기가 있는 홍합을 올리고 남은 감자로 덮은 뒤 빵가루와 치즈, 파슬리를 뿌린다.

7 180℃로 예열한 오븐에서 40~50분간 익힌다.

Polpette con Mozzarella e Pomodoro

4~6인분

모차렐라 앤초비 토마토 폴페테

앤초비의 감칠맛이 포인트인 이탈리아 가정식

폴페테는 '미트볼'이라는 뜻으로, 한입 크기로 빚은 미트볼 위에 토마토 슬라이스를 올리고 그 위에 모차렐라 그리고 마지막에 앤초비를 올려 구운 요리랍니다. 주로 메인 디시로 먹는 가정식인데, 레드 와인과 페어링하기 좋아요. 미니 버거 사이즈라 한입에 쏙 들어가니 먹기도 편해요. 앤초비가 씹힐 때 나는 감칠맛이 이 요리의 가장 큰 포인트입니다.

Ingredients

소고기(다진 것) 600g, 바게트 1/2장, 토마토 1~2개, 달걀 1개, 모차렐라(슈레드) 250g, 앤초비 6마리, 올리브 오일 적당량, 우유 3큰술, 밀가루 약간, 오레가노(다진 것) 1큰술, 소금 약간, 후춧가루 약간

Ready

오븐 200℃로 예열하기

How to Cook

1. 토마토는 1cm 두께로 가로로 슬라이스한다.
2. 우유를 따뜻하게 데워 바게트를 적시고 포크로 잘 으깬다.
3. 볼에 달걀을 푼 뒤 소고기, 으깬 바게트, 소금, 후춧가루를 넣고 잘 섞는다.
4. 슬라이스한 토마토 크기에 맞게 패티를 둥글게 빚고 밀가루를 얇게 묻힌다.
5. 팬에 올리브 오일을 둘러 달구고 패티 겉면을 노릇노릇하게 굽는다.
6. 오븐용 팬에 구운 패티를 올리고 슬라이스한 토마토 1개를 얹은 뒤 다진 오레가노를 뿌린다. 모차렐라를 올리고 앤초비를 십자 모양으로 놓는다.
7. 200℃로 예열한 오븐에서 10분 정도 굽는다.

Petto Di Pollo Al Gorgonzola e Capperi

4인분

고르곤졸라 케이퍼 닭가슴살 말이

이탈리아에서 가장 대중적인 고르곤졸라 요리

지중해 요리라기보다는 이탈리아 요리에서 빠지지 않고 등장하는 대중적인 요리입니다. 고르곤졸라는 이탈리아의 대표적인 블루 치즈인데요, 닭가슴살로 돌돌 싸서 팬에 굽기만 하면 되는 쉽고 맛있는 요리예요. 우리나라는 닭가슴살에 대한 편견이 있잖아요. 그런데 이렇게 만들어 먹어보세요. 새로운 경험을 하게 될 거예요!

Ingredients

닭고기(가슴살) 3조각, 양파 1개, 앤초비 8마리, 케이퍼 2큰술, 고르곤졸라 80g, 버터 1큰술, 올리브 오일 2큰술, 소금 약간, 후춧가루 약간

How to Cook

1. 닭고기는 3장으로 얇게 포를 뜬다. 칼등을 이용해 가볍게 두드려 평평하게 편다.
2. 케이퍼는 곱게 다지고 양파는 결대로 채를 썬다. 앤초비는 손으로 잘게 찢는다.
3. 포를 뜬 닭고기를 잘 펼쳐서 소금, 후춧가루로 간을 한 뒤 다진 케이퍼를 바르고 앤초비와 고르곤졸라를 얹어 돌돌 말아 이쑤시개로 고정한다.
4. 팬에 버터와 올리브 오일을 두르고 (3)을 굽는다. 표면이 노릇하게 구워지면 다른 그릇에 옮겨둔다.
5. 같은 팬에 양파를 볶는다. 양파의 숨이 죽으면 (3)의 닭고기를 볶은 양파 위에 올리고 뚜껑을 덮는다. 중불에서 3분간 찌듯이 굽는다.
6. 뚜껑을 열어 소금, 후춧가루로 간을 하고 닭고기와 양파가 섞이도록 볶는다.

Tarongia

시칠리아식 올리브 오일 튀김 빵

6인분

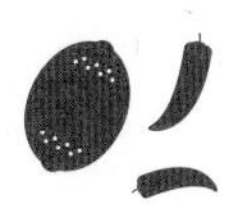

올리브 오일에 튀긴 시칠리아의 플랫브레드

시칠리아에서는 튀긴 빵을 아침식사로도 먹고 간식으로도 자주 먹어요. 튀기는 음식이 많은 이슬람 문화의 영향을 받은 지역이기 때문이라고 해요. 후춧가루나 홍고추처럼 매콤한 토핑을 올려 먹는 것도 같은 이유고요. 이 빵은 강력분으로 만든 반죽에 레몬 제스트와 레드 와인이 들어가서 반죽에 붉은빛이 살짝 돈답니다. 이렇게 만든 반죽을 발효시켜 피자 도우처럼 편 다음 튀겨 먹어요. 손이 많이 가는 요리라서 주로 요리교실에서 여럿이 함께 만들어요. 한번 먹으면 화이트 와인이 멈추지 않는답니다.

Ingredients

Dough 레몬 제스트 1개분, 강력분 425g+약간, 드라이 이스트 7g, 물(미지근한 것) 220~240ml, 레드 와인 50ml, 올리브 오일 1큰술+적당량(튀김용), 꿀 1큰술, 소금 1/2작은술

Topping 양파(또는 펜넬 구근) 2개, 선 드라이드 토마토 75g, 홍고추 1개, 앤초비 12마리, 파르미지아노 레지아노(간 것) 100g, 올리브 오일 적당량, 타임잎 약간, 소금 약간, 후춧가루 약간

How to Cook

1 큰 볼에 물과 레드 와인, 올리브 오일 1큰술과 꿀을 넣고 이스트를 더해 잘 섞는다.

2 밀가루의 1/3 분량을 체 쳐 넣고 섞다가 나머지 밀가루도 체 쳐 넣고, 레몬 제스트와 소금을 넣어 섞어 완전한 덩어리로 만든다.

3 볼에서 꺼내 표면이 매끄럽게 될 때까지 조리대에서 치댄 뒤 다시 볼에 담고 랩을 씌워 상온(23~25℃)에 두고 반죽이 2배 정도 부풀 때까지 휴지시킨다(약 45분).

4 반죽을 6개로 나누고 동글납작하게 빚어 다시 15분간 휴지시킨다.

5 170℃의 올리브 오일에 (4)의 도우를 넣고 5~6분간 튀긴 뒤 건져내어 키친타월 위에 올려 따뜻하게 유지한다.

6 토핑용 양파는 길게 채 썰고 선 드라이드 토마토는 잘게, 홍고추는 적당히 다진다.

7 팬에 올리브 오일을 둘러 달구고 먼저 양파를 노릇하게 볶다가 선 드라이드 토마토와 홍고추를 넣고 3분간 더 볶은 뒤 다른 그릇에 담는다.

8 (5)의 도우 위에 (7)과 앤초비를 얹은 뒤 파르미지아노 레지아노를 뿌리고 오븐 토스터에서 3분 정도 굽는다.

9 마지막에 타임잎을 올리고 소금, 후춧가루로 간을 맞춘다.

2색 프리타타

토핑에 따라 골라 먹는 재미가 쏠쏠한 히데코 스타일의 프리타타

스페인의 토르티야에는 반드시 올리브 오일로 볶은 감자가 들어가고 오믈렛을 뒤집어야 하지만, 이탈리아의 프리타타는 감자를 넣지 않아도 되고, 오믈렛을 뒤집지 않고 피자처럼 토핑해서 만들어도 된답니다. 비슷하지만 다르죠? 이번에는 버섯을 볶아 얹은 프리타타와 허브를 토핑한 프리타타, 두 가지 버전으로 만들어봤어요.

Ingredients 달걀 6개, 생크림 2큰술, 파르미지아노 레지아노(간 것) 1큰술, 올리브 오일 2큰술, 버터 2작은술, 소금 약간, 후춧가루 약간

버섯 프리타타
- **Mushroom Paste** 표고 4개, 양송이 6개, 블랙 올리브 10개, 마늘 3쪽, 올리브 오일 적당량
- **Topping** 파르미지아노 레지아노

허브 프리타타
- **Greenary Topping** 쪽파 3줄기, 딜 2줄기

How to Cook

1 버섯 페이스트용 표고, 양송이, 올리브, 마늘을 잘게 다진다(또는 믹서에 넣고 굵게 간다). 팬에 올리브 오일을 둘러 달군 뒤 다진 재료를 넣고 소금과 후춧가루를 뿌려 약불에서 골고루 볶는다.

2 그린 토핑용 딜은 손으로 찢고 쪽파는 송송 썬다.

3 볼에 달걀, 생크림, 치즈를 넣고 잘 섞은 뒤 1/2분량씩 볼 2개에 나눈다.

4 달군 팬에 올리브 오일 1큰술과 버터 1작은술을 넣고 약불에서 버터를 녹인다.

5 (3)의 달걀물 중 하나를 붓고 불 조절에 주의하면서 지름 20cm 크기의 지단처럼 부친다. 반숙 상태로 접시에 담는다. * **공기가 들어가 부풀어 오르면 젓가락으로 찌른다.**

6 같은 방법으로 한 장을 더 구운 뒤 한 장에는 (1)의 버섯 페이스트를, 다른 한 장에는 (2)의 그린 토핑을 올린다. 버섯 페이스트 프리타타에는 파르미지아노 레지아노를 뿌린다.

Antipasti di Verdura

3가지 채소 마리네이드 안티파스티

4인분

차갑게 먹는 채소 전채 요리

여름 채소만큼 맛있는 게 또 없지요. 우리나라에서 여름 제철 채소를 보약으로 여기며 다양하게 조리해 먹는 것처럼, 이탈리아에서도 더운 여름이면 가지, 파프리카, 호박 등을 차갑게 해서 전채 요리나 술안주로 자주 먹어요. 저도 채소를 좋아하기 때문에 한국에서도 자주 만들어 먹곤 한답니다.

파프리카 마리네이드

Ingredients

빨간 파프리카 2개, 생모차렐라 150g, 바질잎 8장, 피스투(186쪽 참고) 적당량, 소금 약간, 후춧가루 약간

Marinade Sauce 올리브 오일 3큰술, 피스투(186쪽 참고) 1큰술

How to Cook

1. 파프리카는 씻어서 석쇠에 올려 직화로 태우듯이 굽고 잠시 뜸 들인 뒤, 껍질을 벗겨 반으로 가른다.
2. 파프리카 조각 하나에 모차렐라, 바질잎, 피스투 순으로 올리고 파프리카를 돌돌 만 뒤 이쑤시개를 꽂아 그릇에 담고 소금, 후춧가루를 뿌린다.
3. 볼에 마리네이드 재료를 넣고 섞어서 (2)에 끼얹고 2시간 정도 냉장고에서 재운다.

가지 마리네이드

Ingredients

가지 2개(200g), 살라미(또는 프로슈토) 8장, 쪽파(흰 부분 5cm 길이로 썬 것) 8개, 올리브 오일 적당량, 소금 약간

Marinade Sauce 케이퍼(다진 것) 1큰술, 올리브 오일 4큰술, 그레몰라타(187쪽 참고) 2큰술, 레몬즙 1큰술

How to Cook

1. 가지는 꼭지를 떼고 0.5cm 두께로 세로로 길게 슬라이스한다. 붓으로 올리브 오일을 골고루 바르고 소금을 뿌린 뒤 달군 그릴 팬에서 그릴 마크가 남도록 굽는다.
2. 구운 가지에 살라미, 쪽파 순으로 올려 돌돌 만 뒤 이쑤시개를 꽂아 그릇에 담는다.
3. 볼에 마리네이드 재료를 넣고 섞어서 (2)에 끼얹고 2시간 정도 냉장고에서 재운다.

주키니 마리네이드

Ingredients

주키니(또는 애호박) 1개, 올리브 오일 적당량

Marinade Sauce 앤초비(다진 것) 2마리분, 파르미지아노 레지아노(간 것) 1큰술, 올리브 오일 4큰술, 레몬즙 2큰술

How to Cook

1. 주키니는 슬라이서로 세로로 얇게 슬라이스한 뒤, 붓으로 올리브 오일을 골고루 발라 달군 그릴 팬에서 그릴 마크가 남도록 구워 그릇에 자유롭게 담는다.
2. 볼에 마리네이드 재료를 모두 넣고 잘 섞어 (1)에 끼얹는다.

파프리카 마리네이드, 가지 마리네이드, 주키니 마리네이드를 모두 한 그릇에 담아 식탁에 낸다.

Arancini di riso con Funghi e Mozzarella

버섯 치즈 아란치니

15개분

시칠리아식 크로켓

시칠리아에서는 오후에 출출할 때, 또는 간단한 아침식사 대용으로 아란치니를 먹어요. 스페인의 바bar에서 먹었던 크로켓은 베샤멜 소스를 뭉쳐서 만든 것이지만, 아란치니는 냄비에 끓인 알 덴테 상태의 쌀을 라구 소스와 섞거나 먹다 남은 리소토를 손바닥으로 둥글둥글하게 뭉친 것에 빵가루를 묻혀 튀긴 크로켓입니다.

Ingredients

쌀 250g, 양파 1/2개, 표고(말린 것) 15g, 마늘 1쪽, 모차렐라(슈레드) 100g, 페코리노 로마노 40g, 버터 30g, 올리브 오일 1큰술, 이탈리언 파슬리(다진 것) 1큰술, 소금 약간, 후춧가루 약간

Broth 육수용 다시마(또는 표고 가루) 적당량, 물 800~900ml

Batter 달걀 2개, 빵가루 2컵, 밀가루 3큰술, 식용유(튀김용) 적당량

Ready

건표고 미지근한 물에 불리기(약 2시간)

How to Cook

1. 냄비에 물과 육수용 다시마(또는 표고 가루)를 넣고 끓여 육수를 만든다.
2. 물에 불린 표고는 물기를 꼭 짜고 잘게 다진다.
3. 양파와 마늘은 잘게 다진다. 페코리노 로마노는 그레이터로 갈아둔다.
4. 달군 팬에 올리브 오일과 버터를 두르고 양파와 마늘을 볶는다. 양파가 투명해지면 다진 표고를 더해 노릇해지지 않게 볶는다.
5. 쌀을 넣고 (1)의 육수를 조금씩 부어가며 볶는다. 육수를 추가하며 볶기를 여러 차례 반복해 쌀이 알 덴테로 익으면 페코리노 로마노, 파슬리를 더해 섞고 소금, 후춧가루로 간을 한다. 그릇에 옮겨 담고 완전히 식힌다. * **쌀은 전분기를 유지하기 위해 씻지 않고 사용한다. 위생이 우려된다면 가볍게 1회만 씻어 물기를 뺀 뒤 사용한다.**
6. (5)의 식은 표고 리소토를 15개로 나누어 살구 크기로 동그랗게 빚는다. 빚을 때 가운데에 모차렐라를 넣고 주먹밥처럼 동글동글하게 뭉친 뒤 랩으로 감싸둔다.
7. 달걀을 풀어 달걀물을 만들고 랩을 제거한 (6)에 밀가루, 달걀물, 빵가루 순으로 튀김옷을 입힌 뒤 180℃의 식용유에 넣어 노릇노릇하게 튀긴다.
8. 트레이에 올려 기름을 잘 뺀 뒤 그릇에 담는다.

Caponata Estiva

4~6인분

지중해를 담은 여러 가지 채소 볶음

이 요리의 이름의 유래에 대해 여러 가지 설이 있지만, 카포나타의 재료 가운데 하나인 '카포네cappone(달강어)'라는 생선에서 유래됐다는 설이 제일 유력해요. 예전에는 시칠리아의 어부들이 그날 남은 생선을 넣어 먹거나 손님에게 대접할 때는 문어를 넣었다고 하네요. 세월이 흘러 지금은 생선과 문어 없이 채소로만 만들고 있어요. 프랑스 남부의 라타투유와 비슷하지만, 카포나타는 새콤달콤한 시칠리아의 대표 요리로 만드는 방법이 무척 간단해요. 시원한 드라이 화이트 와인과 함께라면 세상 부러울 것이 없답니다.

Ingredients

가지 3개, 애호박 1개, 양파 1개, 빨간 파프리카 1개, 셀러리 3대, 앤초비 4마리, 바질잎 4~5장, 식용유(튀김용) 적당량, 소금 약간, 후춧가루 약간

Red wine Vinegar Sauce 레드 와인 비네거 6큰술, 설탕 3큰술

How to Cook

1 가지, 애호박, 양파, 파프리카, 셀러리 모두 2cm 정도로 깍둑썰기하고, 앤초비는 잘게 다진다.

2 튀김용 냄비에 식용유를 넣고 180℃로 가열한 뒤 가지, 애호박, 파프리카, 셀러리, 양파 순으로 한 종류씩 튀긴다. 노릇노릇하게 옅은 갈색을 띠면 건져 키친타월에 올려 기름기를 제거한다.

3 팬에 소스 재료를 넣고 약불에서 저으며 끓인다. 새콤달콤한 맛이 나는지 확인해가며 양을 조절한다. 끓어오르면 불을 끄고 식힌다.

4 (2)의 채소 튀김이 어느 정도 식고 기름기가 제거되면 볼에 넣고 소금과 후춧가루로 간을 한다.

5 앤초비와 바질잎을 넣고 잘 섞은 뒤 (3)의 레드 와인 비네거 소스를 뿌리고 어느 정도 맛이 배면 상에 낸다.

EASTERN MEDITERRANEAN & NORTH AFRICA

Greece 그리스

Souvlaki
수블라키

Moussaka
무사카

Gemisto Kalamari
시금치 리코타 오징어순대

Chtapodi Stifado
문어 스튜

Tiganítes me Kolokythákia
주키니 프리터

Türkiye 튀르키예

Domatesli köfte
쾨프테 토마토 조림

Safranlı Pilav Üstü
가지 사프란 필라프

Mercimek Köftesi
렌틸콩 볼

Corsica 코르시카

Ragoût de bœuf corse aux rigatoni
리가토니 소고기 조림

Lebanon 레바논

Baba ghanoush & Pita bread
바바 가누쉬와 피타빵

Israel 이스라엘

Shakshouka
샥슈카

North Africa 북아프리카

Lamb Stew with Couscous
양고기 스튜와 쿠스쿠스

Marinated Olives
올리브 마리네이드

Hummus & Falafel
후무스와 팔라펠

Chicken tagine with Preserved lemons
소금레몬 닭고기 조림

Eastern Mediterranean & North African Cuisine

동부 지중해 및 북아프리카 지역 요리의 특징

마지막으로 리비아, 튀니지, 알제리, 모로코 등 지중해 연안의 북서아프리카를 총칭하는 마그레브Maghreb와 그리스, 튀르키예(터키), 키프로스를 중심으로 하는 동지중해 국가의 대표 요리를 소개합니다.

마그레브 요리의 중심인 모로코 요리는 다른 지중해 국가와 마찬가지로 지리적인 조건에 의해 고대부터 다양한 민족의 영향을 받아왔습니다. 모로코의 대표적인 요리 '쿠스쿠스'는 북아프리카의 원주민 베르베르인의 요리였다고 해요. 모로코 요리에는 커민, 파프리카 파우더, 시나몬, 사프란이 빈번하게 사용되고, 매운 요리는 거의 없습니다. 허브는 이탤리언 파슬리와 고수잎을 특히 많이 사용하고 건포도, 대추, 아몬드, 소금에 절인 레몬, 올리브 등으로 맛을 내는 게 특징입니다. 이슬람교 국가이기 때문에 양고기와 닭고기가 식탁에 오르지만, 지중해나 대서양의 생선을 사용한 요리도 많아요.

'하리사'라는 한국의 고추장 같은 조미료로 유명한 튀니지 요리는 역사와 지리적인 조건에 의해 독자적인 지중해 요리로 발전해왔습니다. 이탈리아반도, 특히 시칠리아섬과 가까워 16세기에는 파스타가 전파되었고, 역사적으로 이베리아반도와의 관계가 깊기 때문에 올리브나 토마토, 감자, 고추 등 스페인 요리의 식재료가 튀니지 요리에도 사용되고 있죠. 특히 하리사(올리브 오일, 고추, 커민, 캐러웨이, 고수를 섞은 것)는 한국의 고추장 혹은 양념장 같은 역할을 하는 조미료로, 고추장이나 고춧가루를 잘 섞어서 저, 히데코만의 하리사를 만들어 사용하고 있어요. 책에 레시피를 수록했으니 꼭 한번 만들어보세요.

대표적인 튀니지 요리로는 지중해의 어패류, 채소, 양고기, 토끼고기 등을 토마토 베이스의 소스에 조린 스튜를 찐 쿠스쿠스에 곁들여 먹는 요리부터 모로코에서도 친숙한 타진 냄비를 이용한 달걀과 치즈 요리, 새우나 참치를 달걀과 파이로 감싸 튀긴 브릭Brik, 생선 그릴 등이 있습니다.

지중해 동쪽의 그리스나 튀르키예(터키) 요리는 서울에도 전문점이 제법 있고, 관광도 많이 가는 곳이라 이미 먹어본 사람도 있을 거예요. 그리스인들의 자랑은 고대 그리스부터 이어져온 '가스트로노미(미식이라는 뜻. 그리스어로 gastros=위+nomos=규칙이 어원. 19세기 프랑스 시인 샤를 몽슬레 Charles Monselet가 만든 말)' 전통입니다. 고기를 불에 그을린 게 전부인 원시 요리법을 현대의 요리법으로 발전시킨 것은 그리스인의 공이 크다고 할 수 있죠. 특히 기원전 4세기 알렉산더대왕 시대, 비잔틴제국의 궁정과 그를 둘러싼 귀족의 세계에서는 페르시아 등의 영향을 받아 요리 기술이 눈부시게 발전했습니다. 와인이나 산양 치즈 등 당시부터 현재에 이르는 그리스 요리에 빠질 수 없는 식재료도 있었고요. 오스만제국 시대를 맞이하면서 터키나 아랍 국가 요리와 융합되면서 수블라키, 무사카, 병아리콩 후무스나 요구르트 샐러드 등 스페인의 타파스와 비슷한 메제Meze는 이 무렵 중동에서 그리스로 건너와 뿌리내린 음식입니다.

그리스 요리의 특징은 건강에 좋다는 이유로 전 세계의 주목을 받고 있는 양질의 올리브 오일을 듬뿍 사용한다는 점, 식재료를 소중히 여기는 점, 그리고 시나몬이나 클로브 등의 향신료와 허브를 요리의 포인트로 사용하는 점입니다. 또 대부분의 가정에서 레몬 나무를 기르고 있을 정도로 요리에 레몬을 자주 사용해요. 레몬은 소나 닭, 양고기 등의 육질을 부드럽게 만들고 깔끔한 맛을 내도록 해 고기 맛을 완성해주죠.

지중해 연안의 신선한 어패류와 지중해의 뜨거운 태양 아래 자란 신선한 채소 본연의 맛을 살려낸 그리스 요리는 술과 무척 잘 어울리는데, 그래서 식전주로 유명한 우조Ouzo와 고대 그리스부터 전해지는 와인도 유명하지요.

그리스 요리에 영향을 주었다고 알려진 튀르키예 요리는 서울 이태원 등에도 이를 맛볼 수 있는 레스토랑이 생겼어요. 원래 튀르키예인은 몽골고원 북부에 살던 유목민족이랍니다. 그곳에서부터 이란, 아라비아 반도를 거쳐 지금의 장소까지 이동하는 과정 속에서 다양한 식문화와 뒤섞이게 돼요. 오스만제국이 지금의 이스탄불로 수도를 삼고부터는 지중해, 발칸반도 식문화의 영향도 받게 됩니다. 이러한 튀르키예의 식문화는 중앙아시아 튀르키예 민족의 전통, 아랍이나 이란의 이슬람 문화, 헬레니즘과 지중해의 특징이 뒤섞인 이 토대를 갈고닦아 세계 3대 요리 중 하나로 손꼽힐 정도로 다듬어진 셈이죠.

튀르키예 요리에서 가장 핵심 재료는 양고기라 할 수 있어요. 특히 신선하고 부드러운 양고기는 케밥 요리의 중심 역할을 하고 있습니다. 대부분 이슬람교도이기 때문에 돼지고기 요리는 없습니다. 속을 파낸 채소에 쌀과 다진 고기를 넣어 조리거나 잎으로 돌돌 말아 조린 돌마dolma 요리도 유명해요. 또 강낭콩이나 병아리콩을 고기와 조린 콩 요리도 적지 않습니다. 조림 요리의 대다수에는 토마토를 넣고 조리며 요구르트를 곁들여 먹는 게 특징입니다.

주식은 에크멕Ekmek이라고 불리는 빵으로, 두껍고 짧은 프랑스 빵 같은 모양인데 겉은 바삭바삭, 안은 쫄깃쫄깃해요. 튀르키예 레스토랑에 가면 보통 테이블 위에 미리 놓여 있고, 원하는 만큼 먹을 수 있어요.

또 그리스 요리와 마찬가지로 '메제'라 불리는 전채 요리가 있어요. 요구르트나 치즈를 사용한 것부터 올리브 오일로 만든 냉채 메제 등 재료의 맛을 살린 것이 많고, 생선 요리 레스토랑이나 술집의 메제는 종류가 다양하다고 정평 나 있습니다. 지중해와 에게해를 접하고 있는 연안 지역에서는 바다와 가까운 만큼 해산물 요리를 많이 해요. 오징어 그릴구이, 문어 샐러드, 홍합 튀김, 새우 버터 구이 등을 맛볼 수 있습니다. 또, 이 주변은 올리브 생산지로, 올리브 오일 냉채도 종류가 다양합니다. 그리스가 가까워서 그런지 요리의 이름이나 레시피도 겹치는 경우가 많아요.

하지만 지중해 연안 동쪽에는 이 두 국가 외에 아랍어로 '동방'을 의미하는 이집트, 시리아, 레바논, 이스라엘 등을 총칭하는 마시리크

Mashriq, 목이 긴 장화 이탈리아반도의 뒤꿈치쯤에 해당하는 아드리아해와 접하고 있는 슬로베니아, 크로아티아, 보스니아, 알바니아 등의 국가도 지중해 문화권으로 파악해야 할 필요가 있어요. 아쉽게도 이쪽 지역의 요리를 다양하게 소개하지 못했지만, 언젠가는 따로 소개할 날이 있길 바랍니다.

Souvlaki 그리스

수블라키

4인분

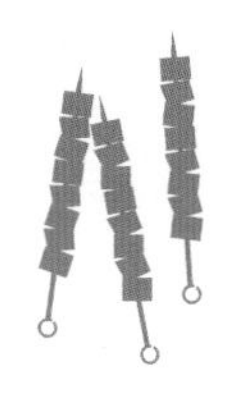

요구르트 소스에 찍어 먹는 돼지고기 또는 양고기 꼬치구이

수블라키는 그리스의 대표 요리로, 터키에도 케밥이라 불리는 비슷한 요리가 있어요. 원래 양고기를 꼬치에 꽂아 숯불에 굽는 것이 정석이지만, 양고기를 구하기 어려운 한국에서는 돼지고기나 소고기로 대신하고 양념에 재워 오븐이나 프라이팬에 구워도 맛있어요.

Ingredients

고기 여러 종류 600g * **돼지고기(안심, 앞다리살), 소고기(안심, 우둔살, 앞다리살), 양고기(목살, 보섭살)를 섞어 준비한다.**

Meat Marinade 양파 1개, 타임(또는 로즈메리) 3줄기, 월계수잎 1장, 올리브 오일 50ml, 레몬즙과 껍질 1개분, 설탕 1작은술, 소금 약간, 후춧가루 약간

Topping 차지키(188쪽 참고)

Ready

고기 양념에 재우기(과정 1~2)

How to Cook

1 고기는 한입 크기의 큐브 모양으로 자르고 양파와 타임은 잘게 썬다.

2 볼에 분량의 양념 재료를 모두 넣어 섞은 다음 고기를 넣고 버무려 냉장고에서 반나절에서 하룻밤 동안 재운다.

3 스테인리스 꼬치 또는 대나무 꼬치에 (2)의 고기를 꽂고, 달군 그릴팬에서 10분 정도 굽는다. * **이때, 레몬을 4등분해 함께 구워도 좋다.**

4 차지키를 곁들여 낸다.

Moussaka 그리스

무사카

4인분

가지와 고기를 넣어 만든 그라탱

그리스 음식 중에서 '어머니의 맛'으로 불리는 일품요리예요. 보기에는 이탈리아의 라자냐와 비슷하지만 구운 가지가 듬뿍 들어가고 계피 등 향신료의 풍미가 깊어 라자냐보다 더 담백해요. 그리스에서는 일반적으로 양고기를 사용하지만 여기에서는 다진 소고기를 사용했어요.

Ingredients

가지 6개, 소고기(다진 것) 400g, 토마토 2개, 양파 1개, 드라이 화이트 와인 100ml, 올리브 오일 100ml, 소금 약간, 후춧가루 약간

Marinade 이탤리언 파슬리 2큰술, 올스파이스 파우더 1/2작은술, 시나몬 파우더 1/3작은술

Béchamel sauce 밀가루 30g, 버터 30g, 우유 400ml, 넛메그 1/2작은술, 소금 1/2작은술, 백후춧가루 약간

Topping 파르미지아노 레지아노(간 것) 1/3컵, 바게트 빵가루 2큰술

Ready

오븐 180℃로 예열하기

How to Cook

1 가지는 0.5cm 두께로 세로로 슬라이스한 뒤 소금을 골고루 뿌리고 가볍게 두드려 잠시 절인다.

2 키친타월로 가지의 물기를 닦아낸 뒤 올리브 오일을 둘러 달군 팬에 가지의 양면을 노릇노릇하게 구워 다른 그릇에 옮겨둔다.

3 양파는 잘게 다지고 토마토는 반으로 잘라 강판에 간다.

4 냄비에 올리브 오일 2큰술을 두르고 소고기, 양파 순으로 볶는다.

5 (3)의 토마토와 양념 재료를 (4)에 넣고 약불에서 15분 정도 끓이다가 드라이 화이트 와인을 넣은 뒤 소금, 후춧가루로 간을 한다.

6 밀가루, 버터, 우유를 섞어 베샤멜 소스를 만들고 소금, 후춧가루, 넛메그를 넣어 잘 섞는다(75쪽 베샤멜 소스 만드는 법 참고).

7 오븐팬에 (2)의 가지를 한 장 깔고 그 위에 (5)의 토마토소스를 뿌린 뒤 다른 가지를 한 장 올린다. 이것을 여러 번 반복한 뒤 맨 위에는 가지가 오도록 한다.

8 (7)에 베샤멜 소스와 파르미지아노 레지아노, 빵가루를 뿌린 뒤 180℃로 예열한 오븐에서 20분간 굽는다.

Gemisto Kalamari 그리스

4인분

시금치 리코타 오징어순대

지중해 스타일 오징어순대

지중해 요리에는 통오징어 속에 고기, 빵가루, 허브 등을 넣어서 조리는 요리가 많아요. 지역마다 오징어 속에 들어가는 재료만 다를 뿐이죠. 이번에는 시금치와 리코타 치즈를 넣었어요. 고수도 조금 넣어서 맛에 포인트를 더했답니다.

Ingredients

오징어(소 또는 중) 2~4마리, 시금치 500g, 토마토 2개, 양파 1개, 레몬(반달 모양으로 슬라이스한 것) 2조각, 케이퍼 2큰술, 고수(잘게 썬 것) 1큰술, 리코타 150g, 올리브 오일 200ml, 소금 약간, 후춧가루 약간

Topping 레몬즙 4큰술

Ready

오븐 180℃로 예열하기

How to Cook

1 오징어는 내장을 제거하고 껍질을 벗긴다. 몸통과 다리를 분리하고 다리는 잘게 자른다.
2 양파는 잘게 썬다. 시금치는 소금물에 데친 다음 물기를 잘 빼고 2cm 길이로 자른다.
3 팬에 올리브 오일 5큰술을 넣고 달군 다음 오징어 다리를 노릇하게 볶아 다른 그릇에 담아둔다.
4 같은 팬에 나머지 올리브 오일을 넣고 양파를 중불에서 투명해질 때까지 볶는다.
5 데친 시금치를 넣어 양파와 같이 볶고 3분 정도 약불에서 익힌다.
6 (5)에 (3)의 오징어 다리와 고수, 케이퍼, 리코타를 넣고 소금, 후춧가루로 간한다.
7 오징어 몸통에 (6)을 채우고 이쑤시개로 입구를 막는다.
8 오븐팬에 오징어순대를 담고 그 위에 가로로 슬라이스한 토마토와 레몬을 얹은 뒤 올리브 오일을 뿌린다.
9 180℃로 예열한 오븐에서 20분간 굽는다.
10 오븐에서 꺼내 레몬즙을 뿌려 마무리한다.

Chtapodi Stifado 그리스

문어 스튜

4인분

몸을 덥혀주는 레드 와인에 졸인 문어 요리

보통 문어는 해산물이니까 화이트 와인으로 조리한다는 고정관념이 있는데, 이 요리는 레드 와인에 문어를 넣고 졸여요. 간장에 졸인 음식과 비슷해 보여도 맛은 완전히 다르죠. 문어는 해산물이지만 레드 와인과 아주 잘 어울려요. 그리스도 해가 떨어지면 꽤 쌀쌀하기 때문에 몸을 덥혀주는 요리가 필요하거든요.

Ingredients

문어 900g~1kg, 토마토(완숙) 3개, 양파 1과 1/2개+1/4개, 마늘 4쪽, 월계수잎 2장, 이탈리언 파슬리(다진 것) 2큰술, 건로즈메리 1작은술, 레드 와인 150ml, 올리브 오일 4큰술, 레드 와인 비네거 2큰술, 설탕 1작은술

Ready

소금물 끓이기(물 1L+소금 2작은술)

How to Cook

1 끓인 소금물에 손질한 문어, 양파 1/4개, 월계수잎을 넣고 약불에서 20분간 천천히 삶는다. 삶은 문어는 먹기 좋게 자르고, 삶은 국물은 따로 담아둔다.

2 남은 양파는 길게 채 썰고 토마토는 깍둑썰기한다. 마늘은 잘게 다진다.

3 냄비에 올리브 오일을 둘러 달구고 (1)의 문어, 채 썬 양파, 마늘을 넣어 볶는다.

4 토마토, 로즈메리, 파슬리, 레드 와인, 레드 와인 비네거, 설탕과 (1)의 문어 삶은 물을 조금 넣고 5분 정도 끓인다.

5 한소끔 끓인 뒤 아주 약한 불로 줄여 1시간 정도 끓인다.

Tiganítes me Kolokythákia 그리스

4인분

주키니 프리터

그리스의 여름 단골 메뉴, 주키니 튀김

탄산수를 넣은 반죽을 입혀 튀기는 요리인데, 여기서는 한국의 전처럼 부쳐봤어요. 튀기는 것보다 기름을 조금 줄일 수 있어서 시도해봤는데 꽤 괜찮더라고요. 이 음식의 포인트는 그리스의 대표적인 소스인 '차지키'를 곁들여 먹는 것이랍니다.

Ingredients

주키니(또는 애호박) 2개, 양파(소) 1개, 올리브 오일 4큰술, 식용유 적당량, 소금 약간

Batter 달걀 3개, 파르미지아노 레지아노 100g, 이탤리언 파슬리(다진 것) 4큰술, 바게트 빵가루 1/2컵, 밀가루 6큰술, 베이킹파우더 1작은술, 소금 2작은술, 후춧가루 약간

Topping 차지키(188쪽 참고)

How to Cook

1 주키니는 채칼로 채를 친 다음 소금을 넣고 섞어 1시간 정도 절인 뒤 물기를 꼭 짠다.

2 양파는 잘게 썰어 올리브 오일을 두른 팬에 볶아 식힌다.

3 볼에 밀가루와 베이킹파우더를 담아 섞은 뒤 나머지 반죽 재료와 (1)의 주키니, (2)의 양파를 넣고 잘 버무려 냉장고에서 1시간 정도 재운다.

4 잘 달군 팬에 식용유를 넉넉하게 두르고 (3)을 올려 동그랗게 부친다.

5 접시에 담고 차지키를 곁들여 낸다.

Domatesli köfte 튀르키예

4인분

쾨프테 토마토 조림

튀르키예의 대표적인 수제 소시지 요리

양고기 다짐육과 튀르키예에서 자주 사용하는 향신료 커민으로 반죽해 짧고 통통하게 빚은 수제 소시지입니다. 이 소시지를 토마토스스에 넣어 조리는데, 동부 지중해식의 미트볼이라고 생각하면 될 것 같아요. 메인 요리로도 좋고, 레드 와인 안주로도 참 괜찮아요.

Ingredients

양고기(다진 것) 600g, 양파 1/2개, 마늘 3쪽, 월계수잎 2장, 토마토퓌레(passata) 600ml, 바게트 빵가루 50g, 밀가루 약간, 이탤리언 파슬리(다진 것) 2큰술, 우유 150ml, 올리브 오일 적당량, 커민 파우더 2작은술, 소금 1큰술, 설탕 1작은술, 후춧가루 약간

How to Cook

1 양파와 마늘은 잘게 다진다.

2 볼에 빵가루와 우유를 넣고 섞은 뒤 양고기, 양파, 마늘, 파슬리, 커민 파우더, 소금, 후춧가루를 더해 반죽한다.

3 반죽을 5cm 길이의 미니 소시지 모양으로 만들고, 밀가루를 얇게 묻혀 올리브 오일을 두른 팬에서 노릇하게 굽는다. 중간중간 키친타월로 새어 나오는 기름을 닦는다.

4 냄비에 토마토퓌레, 월계수잎, 설탕을 넣고 약불로 20분간 끓이다가 (3)의 소시지를 넣고 10분간 더 조린다.

Safranlı Pilav Üstü 튀르키예

4~6인분

가지 사프란 필라프

튀르키예식으로 찐 비건 밥

필라프Pilaf 또는 필라우Pilau로 불리는 동지중해 연안 국가들의 쌀 요리예요. 냄비에 쌀을 볶다가 육수를 넣어 밥을 지어요. 돼지고기나 닭고기를 넣어 주식으로 먹기도 하고, 고기 요리 등에 곁들이면 사이드 디시가 되지요. 같은 지중해에서도 동지중해 연안은 갖가지 향신료를 사용하기 때문에 스페인의 파에야나 이탈리아의 리소토보다 자극적인 풍미를 즐길 수 있어요.

Ingredients

쌀 300g, 가지 1개, 양파 1개, 잣 40g, 마늘(다진 것) 1큰술, 생강(다진 것) 1큰술, 사프란 12가닥, 다시마물 360ml, 올리브 오일 적당량, 소금 약간, 후춧가루 약간

Topping 건포도 40g, 이탤리언 파슬리(다진 것)

Ready

다시마물 만들기(물에 다시마를 넣고 끓이거나 물 360ml에 육수용 다시마가루를 녹인다.)

How to Cook

1 양파와 마늘은 잘게 다진다.

2 가지는 1cm 두께로 둥글게 썬 뒤 십자썰기하고 올리브 오일을 넉넉히 넣은 팬에서 튀기듯이 볶는다.

3 다른 팬에 잣을 넣고 노릇하게 볶는다.

4 냄비에 올리브 오일을 두르고 달군 다음 양파와 마늘, 생강을 넣어 볶다가 쌀을 넣고 소금, 후춧가루, 사프란, 다시마물을 붓고 살짝 섞은 뒤 강불에서 한소끔 끓인다. * **쌀은 전분기를 유지하기 위해 씻지 않고 사용한다. 위생이 우려된다면 가볍게 1회만 씻어 물기를 제거한 뒤 사용한다.**

5 끓기 시작하면 중불로 줄여 젓가락으로 한 번 젓는다. 볶은 가지와 잣을 얹고 뚜껑을 덮어서 약불에서 5~10분 정도 익힌다.

6 불을 끄고 5~10분간 뜸을 들인다. 그릇에 담고 다진 파슬리와 건포도를 뿌려 낸다.

Mercimek Köftesi 튀르키예

4인분

렌틸콩 볼

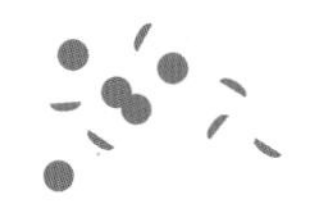

튀르키예의 국민 식물성 단백질 음식

서울에서 튀르키예 요리 선생님한테 배운 요리인데요, 튀르키예가 이슬람 국가이기 때문에 고기 요리가 많지 않다고 해요. 대신 식물성 단백질을 많이 섭취하는 나라죠. 손이 굉장히 많이 가지만 만족도는 꽤 높아서 자주 추천하는 요리예요. 후무스와 비슷한데 이번에는 쪽파를 많이 넣어 풍미를 더해봤어요. 여기에는 요구르트 소스가 빠지면 안 된답니다.

Ingredients

렌틸콩 2컵, 벌구르(bulgur) 1컵, 양파 2개, 레몬즙 2개분, 쪽파(다진 것) 2큰술, 이탤리언 파슬리(다진 것) 2큰술, 토마토 페이스트 2큰술, 물 1L, 올리브 오일 200ml, 파프리카 파우더 약간, 커민 파우더 약간, 소금 약간, 후춧가루

Topping 고수 요구르트 소스(188쪽 참고)

How to Cook

1 렌틸콩은 가볍게 씻고 냄비에 분량의 물과 같이 넣은 뒤 중불에서 서서히 삶는다. 콩이 부드러워지면 소금으로 간한다.

2 콩이 다 익으면 벌구르를 더해 잘 섞은 후 불을 끄고 냄비 뚜껑을 덮은 채로 5~10분 정도 뜸을 들인다.

3 양파는 잘게 썰어 올리브 오일 100ml을 두른 팬에 넣고 볶는다. 양파가 연한 갈색이 되면 토마토 페이스트를 넣고 섞는다. 소금으로 간을 하고 파프리카 파우더, 커민 파우더, 후춧가루 등은 기호에 따라 넣고 섞는다.

4 (2)를 볼에 옮겨 담고 (3)과 함께 섞는다.

5 (4)가 완전히 식으면 파슬리와 쪽파를 넣어 섞는다. 레몬즙과 나머지 올리브 오일을 붓고 손으로 반죽한다. 소금과 레몬즙으로 간을 조절한다.

6 먹기 좋은 크기로 빚어 그릇에 담는다. 고수 요구르트 소스를 곁들여 먹는다.

Ragoût de bœuf corse aux rigatoni

코르시카

리가토니 소고기 조림

4인분

프랑스 영향을 받은 코르시카식 파스타

파스타는 이탈리아 요리뿐 아니고 지중해 요리에서 빠지지 않는 식재료입니다. 그래서 파스타를 활용한 메뉴가 아주 많아요. 토마토 베이스 소스에 두툼한 소고기 양지머리를 넣어 조려요. 소고기를 넣으면 식감도, 포만감도 훨씬 좋아지거든요. 코르시카섬은 프랑스령이기 때문에 아무래도 소고기를 많이 먹는 프랑스 음식 문화의 영향을 많이 받은 것 같아요.

Ingredients

소고기(양지머리 또는 앞다리살) 800g, 리가토니 250g, 베이컨 100g, 양파 2개, 양송이 6개, 마늘 6쪽, 올리브 오일 3큰술, 소금 약간, 후춧가루 약간

Marinade 화이트 와인 300ml, 토마토퓌레 2큰술, 시나몬 파우더 1작은술, 로즈메리 2줄기, 월계수 잎 1장, 소금 1큰술, 후춧가루 약간

Topping 파르미지아노 레지아노(간 것) 50g

How to Cook

1. 소고기는 5cm 크기의 큐브로 자른다. 마늘 3쪽과 베이컨은 길게 저민다. 소고기에 칼집을 넣어 그 사이에 마늘과 베이컨을 넣고 소금과 후춧가루로 간을 한다.
2. 양파는 길게 채 썰고 양송이도 채 썬다. 남은 마늘 3쪽은 잘게 다진다.
3. 바닥이 두꺼운 냄비를 달군 다음 올리브 오일을 두르고 (1)의 소고기를 겉만 노릇하게 구운 뒤 다른 접시에 옮겨둔다.
4. 같은 냄비에 올리브 오일을 더해 채 썬 양파와 다진 마늘을 넣고 볶다가 채 썬 양송이와 (3)의 소고기, 양념 재료를 넣고 잘 섞은 뒤 중약불에서 1시간 정도 익힌다.
5. 그 사이에 리가토니를 삶는다.
6. 고기가 다 익으면 볼에 삶은 리가토니를 넣고 (4)의 국물을 한 국자 부어 버무린 뒤 그릇에 옮겨 담는다. 소고기 조림도 같이 옮겨 담는다.
7. 파르미지아노 레지아노를 뿌린다.

Baba ghanoush & Pita bread

레바논

2~3인분

바바 가누쉬와 피타빵

구운 가지로 만든 전채 요리

레바논, 요르단, 이스라엘 등에서 자주 먹는 흔한 요리랍니다. 지중해산 크고 어린 가지를 구워서 만들면 크리미한 맛이 나는데, 한국 가지로는 그 식감을 내기 어렵죠. 그래서 한국 가지로 만들기 위해서는 더 많은 양이 필요해요. 가지를 많이 넣으면 부드러운 식감을 조금은 비슷하게 낼 수 있거든요. 이것 역시 일종의 후무스 같은 요리라고 보시면 된답니다. 보통 피타빵을 곁들여 먹어요.

Ingredients

가지 3개(250~300g), 피타빵 3~4조각

Seasoning 마늘 1쪽, 타히니(189쪽 참고) 2큰술, 레몬즙 1큰술, 올리브 오일 1큰술, 파프리카 파우더 1큰술, 커민 파우더 1작은술, 소금 1작은술

Topping 이탤리언 파슬리(또는 고수), 올리브 오일, 파프리카 파우더

How to Cook

1 가지는 꼭지를 떼고 그대로 석쇠에 올려서 껍질은 태우고, 속은 부드럽게 익도록 굽는다. 트레이에 옮기고 랩을 씌워 뜸들인다.

2 가지가 어느 정도 식으면 껍질을 벗기고 핸드 블렌더 용기에 넣는다.

3 마늘을 굵게 다져 나머지 양념 재료와 같이 (2)에 넣고 핸드 블렌더로 간다.

4 그릇에 담고 토핑 재료를 얹는다.

5 피타빵이나 바게트를 찍어 먹는다.

Shakshouka 이스라엘

2인분

샤슈카

토마토소스 위에 달걀을 올려 구운 이스라엘 요리

동부 지중해 지역에서는 '커민'을 자주 활용해요. 향신료의 강한 향이 다른 식재료의 냄새를 잡아주기도 하지만, 이 특유의 향을 즐기기도 해요. 스페인이나 이탈리아에도 비슷한 달걀 요리가 있어요. 한국에서도 '에그인헬'이라는 이름으로 술집에서 안주로 종종 볼 수 있죠? 그런데 이스라엘 정통 레시피는 다른 부재료 없이 토마토, 달걀, 커민만으로 만드는 게 특징입니다.

Ingredients

토마토 2개, 달걀 3개, 양파 1/2개, 그린 올리브 6개, 토마토퓌레 100g, 마늘 1쪽, 올리브 오일 2큰술

Seasoning 커민 파우더 1작은술, 파프리카 파우더 1작은술, 칠리 페퍼 1/2작은술, 소금 1작은술, 설탕 1/2작은술, 후춧가루 약간

Topping 이탈리언 파슬리(다진 것) 1큰술

How to Cook

1 양파와 마늘은 잘게 다지고 토마토는 1cm 크기로 깍둑썰기한다.

2 작은 팬에 올리브 오일을 두르고 양파와 마늘을 볶는다.

3 토마토와 토마토퓌레를 넣고 계속 볶는다.

4 시즈닝 재료를 넣고 졸인다. 수분이 부족하면 물을 붓고 간을 맞춘다.

5 달걀을 깨서 넣고 올리브를 넣은 뒤 뚜껑을 덮고 약불에서 5~8분 정도 익힌다.

6 이탈리언 파슬리를 뿌린다.

Lamb Stew with Couscous

북아프리카

4인분

양고기 스튜와 쿠스쿠스

모로코의 대표적인 스튜 요리

쿠스쿠스를 30년 전에 바르셀로나에 있는 모로코 음식점에서 처음으로 먹어봤습니다. 식감이 쌀도 아니고 파스타도 아니 것이 무척이나 낯설었지요. 쿠스쿠스는 듀럼밀을 원료로 한 세상에서 제일 작은 파스타입니다. 요리교실에서는 보통 닭고기로 스튜를 만드는데요, 여기서는 본격적으로 양고기를 활용해 만들어봤어요.

Ingredients

양고기(목살) 800g, 토마토 3개, 가지 2개, 파프리카 2개, 양파 1개, 콜리플라워 1/2개, 오크라 4개(생략 가능), 마늘(다진 것) 2큰술, 생강(다진 것) 1작은술, 닭육수 100~200ml, 올리브 오일 적당량, 꿀 3작은술, 커민 파우더 1작은술, 시나몬 스틱 1개, 소금 약간, 후춧가루 약간

Couscous 쿠스쿠스 200g, 끓는 물 200ml, 올리브 오일 2큰술, 소금 약간

Topping 고수잎

Ready

닭육수 만들기(190쪽 참고) | 물 끓이기

How to Cook

1 양파와 토마토는 잘게 썰고 가지는 2cm 두께의 반달 모양으로 썬다. 파프리카는 꼭지와 씨를 제거하고 2cm 크기로 썬다. 콜리플라워는 한입 크기로 썰고 오크라는 1cm 두께로 슬라이스한다.

2 양고기는 먹기 좋은 크기로 깍둑썰기해 올리브 오일을 두른 냄비에서 겉만 노릇해지도록 구운 뒤 다른 그릇에 옮겨둔다.

3 냄비에 올리브 오일을 더 넣고 양파, 가지, 파프리카, 오크라, 콜리플라워, 생강, 마늘, 커민 파우더를 넣고 볶다가 토마토, 닭육수를 넣고 한소끔 끓인다.

4 꿀, 시나몬 스틱, (2)의 양고기를 넣고 뚜껑을 연 상태로 중약불에서 10분 동안 익힌 다음 소금, 후춧가루로 간한다.

5 볼에 쿠스쿠스를 넣고 올리브 오일, 소금을 더한 뒤 끓는 물을 붓는다. 재빨리 섞고 랩을 씌워 10분 정도 상온에 둔다.

6 그릇에 쿠스쿠스를 담고 양고기 스튜를 옆에 담는다.

7 취향에 따라 고수잎을 곁들여 먹는다.

Marinated Olives 북아프리카

약 800ml

올리브 마리네이드

올리브 열매를 다양한 향신료로 맛을 낸 요리

저만의 올리브 마리네이드는 잘 익은 검은 올리브와 떫은맛이 남아 있는 초록색 올리브를 섞어 만들어요. 모로코식의 자극적인 향신료를 더하고, 오렌지나 레몬 껍질을 같이 넣고 올리브 오일을 충분히 뿌려요. 지중해의 향기를 듬뿍 느낄 수 있는 술안주로는 물론, 피자나 파에야를 먹은 후 입가심하기에 좋아요.

Ingredients

블랙 올리브 1캔(400g), 그린 올리브 1캔(400g), 오렌지 껍질 1/2개분, 페페론치노 5개, 올리브 오일 400ml, 오렌지즙 2큰술, 고수씨(또는 펜넬씨) 2큰술, 타임(말린 것) 1큰술

Ready

보관할 용기 소독하기

How to Cook

1. 통조림이나 병에 든 올리브를 체에 밭쳐 흐르는 물에 살짝 씻고 키친타월로 물기를 제거한다.
2. 고수씨는 절구에서 잘게 빻고 페페론치노는 칼로 잘게 다진다.
3. (2)의 재료를 팬에 넣고 향이 날 때까지 기름 없이 볶는다.
4. 소스팬에 분량의 올리브 오일을 넣고 40초 정도 달군 뒤 불을 끄고 식힌다.
5. 끓여서 소독한 유리병이나 용기에 (1)의 올리브, (3)의 향신료, 타임, 오렌지 껍질, 오렌지즙을 넣어 잘 섞은 뒤 아직 따뜻한 (4)의 올리브 오일을 붓는다.
6. 3일 정도 냉장고에서 숙성하면 딱 먹기 좋게 된다. 취향에 따라 다진 양파나 마늘을 조금 곁들여도 맛있다.

Hummus & Falafel 북아프리카

후무스와 팔라펠

후무스 4인분
팔라펠 8개분

병아리콩으로 만든 딥소스와 모로코식 크로켓

후무스는 지중해 연안의 중동 지역에서 먹는 음식인데, 딥소스라고 보시면 된답니다. 주재료는 병아리콩으로, 식이섬유가 풍부해 세계적인 건강 식재료로 손꼽히죠. 팔라펠은 잠두콩이나 병아리콩을 삶아서 반죽을 만들어 튀겨 만들어요. 이 역시 중동 지역의 대표적인 음식이지요. 후무스를 만들 때 팔라펠용 병아리콩도 같이 삶고 후무스용 보다 먼저 꺼내서 으깨면 됩니다.

후무스

Ingredients

병아리콩 100g(또는 불린 병아리콩 300g), 월계수잎 2장, 베이킹소다 1작은술

Paste 타히니(189쪽 참고) 150g, 마늘 3쪽, 민트 5g, 레몬즙 4큰술, 올리브 오일 4큰술, 하리사 1작은술, 커민 파우더 1작은술, 소금 1작은술, 후춧가루 약간

Topping 올리브 오일, 파프리카 파우더

Ready

병아리콩 8시간 정도 물에 불리기

How to Cook

1. 냄비에 불린 병아리콩과 콩의 3배 분량의 물, 베이킹소다, 월계수잎을 넣고 끓인다. 물이 끓기 시작하면 중불에서 30분 정도 삶는다. 콩 삶은 물은 400ml 정도 남겨둔다. * **병아리콩을 삶을 때 베이킹소다를 넣으면 콩이 부드러워진다.**
2. 믹서에 삶은 병아리콩, 양념 재료를 넣고 간다. 남겨둔 병아리콩 삶은 물로 농도를 조절한다.
3. 그릇에 담고 토핑 재료를 뿌린다.

팔라펠(모로코식 크로켓)

Ingredients

병아리콩(불린 것) 250g, 월계수잎 2장, 베이킹소다 1작은술, 식용유(튀김용) 3컵, 달걀물 2개분, 빵가루 1.5컵, 밀가루 1/2컵

Seasoning 다진 파슬리 1/2큰술, 터메릭 1/4큰술, 고수 파우더 1/4큰술, 커민 파우더 1/4큰술, 올리브 오일 1큰술, 밀가루 1/2큰술, 다진 마늘 1작은술, 소금 2작은술, 후춧가루 약간

Topping 고수 요구르트 소스(188쪽 참고)

Ready

병아리콩 8시간 정도 물에 불리기 | 달걀 풀어 달걀물 만들기

How to Cook

1. 물에 불린 병아리콩의 물기를 뺀 뒤 냄비에 콩과 물, 베이킹소다, 월계수잎을 넣고 콩이 부드러워질 때까지 삶는다. 병아리콩 삶은 물을 100ml 정도 다른 그릇에 담아둔다.
2. 믹서에 삶은 병아리콩과 병아리콩 삶은 물을 넣고 퓌레 상태가 되도록 간다.
3. (2)에 양념 재료를 넣고 잘 섞어 8등분한 다음 동그랗게 빚는다.
4. 밀가루, 달걀물, 빵가루 순으로 튀김옷을 입혀 170℃의 식용유에 노릇하게 튀긴다.
5. 고수 요구르트 소스를 곁들여 낸다.

Chicken tagine with Preserved lemons

북아프리카

4인분

소금레몬 닭고기 조림

모로코식 저수분 닭고기 요리

고깔모자 모양의 타진 냄비로 조리하는 북아프리카 닭 요리입니다. 타진 냄비로 만들어야 하는 이유는 저수분 요리이기 때문에 수증기가 빠져나가지 않게 조리해야 하거든요. 이렇게 만들면 영양 손실이 줄어 건강식이 된답니다. 타진냄비 대신 저수분용 무쇠냄비로 만들어보세요.

Ingredients

닭 1마리, 양파 1개, 소금레몬✦ 2개, 블랙 올리브 1/2컵, 생강(5cm) 1톨, 닭육수 600ml, 꿀 1큰술, 소금 약간, 후춧가루 약간

Chicken Marinade 올리브 오일 2큰술, 강황가루 1/2작은술, 커민 파우더 1/2작은술, 소금 약간

Topping 고수

Ready

닭 손질하기 | 닭육수 만들기(190쪽 참고) | 오븐 190℃로 예열하기

How to Cook

1. 양파는 길게 채 썰고 생강은 잘게 다진다.
2. 닭고기 양념을 섞어서 손질한 닭에 골고루 바른다.
3. 팬을 달구고 (2)의 닭고기 겉면이 노릇해지도록 구운 뒤 타진 냄비에 담는다.
4. 같은 팬에 채 썬 양파와 다진 생강을 넣고 볶다가 닭육수를 붓고 한소끔 끓인다.
5. (3)의 타진 냄비에 (4)를 붓고 190℃로 예열한 오븐에서 30분간 굽는다.
6. (5)에 슬라이스한 소금레몬, 소금, 후춧가루와 올리브, 꿀을 넣고 오븐에서 45분간 더 익힌다.
7. 굵게 다진 고수를 얹는다.

✦ 소금레몬 Preserved Lemons

Ingredients

레몬 적당량, 소금 레몬 중량의 10~15%(저염으로 만들 경우 8%), 베이킹소다 약간, 굵은소금(천일염) 약간

How to Cook

1. 레몬을 베이킹소다로 문질러 세척한 뒤 굵은소금으로 문질러 한 번 더 세척한다.
2. 끓는 물에 담가 재빨리 소독한 뒤 찬물에 헹구고 키친타월로 물기를 깨끗이 닦는다.
3. 레몬을 세로로 4등분하듯이 칼집을 낸 뒤 소독한 유리병에 넣고 레몬 칼집 사이사이에 소금을 집어넣는다. 맨 위는 소금으로 덮고 뚜껑을 닫아 밀봉한다.
4. 냉장고에 보관하며 약 2주 후 소금물이 자작하게 생기면 사용 가능하다. 보통 1개월 정도 발효시켜 사용하면 좋으며, 냉장 보관 시 6개월 정도 보관 가능하다. * **지중해 요리에서 특히 생선, 고기 요리에 자주 쓰이며 필요에 따라 껍질과 과육을 분리해서 쓰기도 한다.**

DESSERT

Spain 스페인

Arroz con Leche
아로스 콘 레체

Torrija
토리하

Tarta de Santiago
산티아고 타르트

France 프랑스

Chocolate pots de crème
쇼콜라 무스

Tarte au Citron
레몬 타르트

Figues pochées au Vin blanc et Épices
무화과 조림

Italy 이탈리아

Granita di Caffé & Granita al Limone
커피 그라니타와 레몬 그라니타

Ravioli dolci fritti di Ricotta
시칠리아식 라비올리 돌체

Greece 그리스

Karidopita
호두 케이크

Middle East 중동

Basbousa & Labneh
세몰리나 케이크와 라브네 요구르트

Mediterranean Dessert

지중해 디저트의 특징

전 세계적으로 디저트 문화는 식문화 중에서 가장 나중에 발달합니다. 즉, 먹고살기 급급한 식문화에서 음식을 즐길 줄 아는 수준까지 오른 뒤에 가장 마지막 단계에 발달한다고 할 수 있어요. 지중해 연안의 나라들 중 일부는 식민지 시대가 꽤 길었기 때문에 후식 문화의 역사가 다른 나라에 비해 짧은 편입니다. 이들 나라의 디저트는 화려하고 세련된 비주얼이기보다는 투박한 것이 더 많은 것도 사실이에요. 예를 들어 빵을 튀기거나 우유를 달달하게 졸이는 등 비교적 간단하면서 재료 본연의 맛을 그대로 느낄 수 있는 게 대부분입니다.

또 다른 지중해 디저트의 특징은 풍부한 자연 식재료인데요, 대표적인 게 과일을 활용한 것이 많아요. 지중해 지역에는 레몬, 살구, 자두, 무화과, 복숭아, 멜론, 체리, 오렌지, 자몽 등 과일이 풍부해요. 생으로 먹고, 요리해 먹고도 남은 과일들을 오랫동안 저장해 먹기 위한 방법 중 하나로 디저트가 만들어졌어요. 프랑스에는 과일 조림, 건과일, 과일 차 등 과일을 활용한 디저트가 참 많고, 이탈리아는 레몬과 오렌지가 풍부해서 레몬을 얼려 갈아 만든 '그라니타'와 '젤라토' 등이 발달했고요. 스페인에는 우유와 설탕을 달콤하게 졸이거나 아몬드가루로 만든 '타르트'가 많아요.

지중해 지역에는 과일뿐 아니라 견과류도 풍부한데요, 그리스는 페이스트리 안에 각종 견과류를 다져 잔뜩 넣어 구운 후 시럽을 올리는 바클라바Baklava라는 디저트가 유명해요. 튀르키예에서도 자주 먹는데, 이렇게 견과류를 활용한 디저트도 정말 많아요. 동부 지중해 지역인 튀르키예에는 그리스와 마찬가지로 바클라바와 함께 로쿰Lokum이라는 젤리가 유명해요. 로쿰은 녹말과 물, 설탕, 레몬즙이 메인 재료인데, 여기에 각종 견과류를 넣기도 하고 말린 과일을 넣기도 해요. 젤라틴을 넣지 않아서 식감은 쫀득함이 덜하지만 떡 같기도 하고 젤리 같기도 해서 우리 입맛엔 친숙하답니다. 하지만 단맛이 강해서 호불호가 갈리는 디저트예요. 로쿰 외에도 피스타치오를 잘게 다져 실타래처럼 가느다란 반죽과 함께 구운 디저트 카다이프Kadayif도 유명해요. 대부분 견과류를 활용하고, 단맛이 강하다는 특징이 있죠.

이렇듯 지중해 디저트는 그 지역에 가장 풍부한 식재료를 활용한 메뉴가 대부분입니다. 과일, 견과류, 꿀 등을 주로 쓰는데요, 한국인에게는 다소 단맛이 강하게 느껴질 수 있지만, 진한 커피와 홍차를 곁들이는 그들의 식문화를 생각한다면 이해가 되기도 해요. 아직 국내에서는 지중해 여러 나라의 디저트들이 음식만큼 인기를 얻고 있지는 않지만, 최근에 국내 대형 온라인 마켓 등을 통해 로쿰 등이 판매되기 시작했고, 해외 여행이 잦아지면서 다양한 지중해 디저트에 대한 경험이 많아지고 있어요. 아마도 조만간 지중해 디저트들이 더 많은 인기를 얻게 될 것 같아요. 마치 지중해 음식들이 한국에서 큰 인기를 얻고 있는 것처럼요.

Arroz con Leche 스페인

아로스 콘 레체

4인분

달콤하고 부드러운 스페인식 우유죽

한국의 타락죽 같은 음식인데 쌀과 설탕의 양이 같을 정도로 설탕이 많이 들어가는 스페인식 우유죽이랍니다. 지중해 지역 전체에 쌀을 주식으로 하는 아랍 문화의 영향이 있다 보니 흔한 디저트로 손꼽히죠. 고급 레스토랑부터 가정집까지 어디서든 맛볼 수 있지만, 집집마다 다른 손맛과 자신만의 레시피가 있어 맛이 조금씩 달라요. 솔직히 저는 너무 달아서 잘 먹지 못한답니다.(웃음)

Ingredients

레몬 껍질 1/2개분, 시나몬 스틱 1개, 쌀 100ml, 우유 500ml, 물 400ml, 백설탕 50~100g

Topping 시나몬 파우더 약간

How to Cook

1 쌀에 분량의 물을 붓고 30분간 담가두었다가 그대로 중약불에서 심이 없어질 때까지 끓여 익힌다. * **쌀은 전분기를 유지하기 위해 씻지 않고 사용한다. 위생이 우려된다면 가볍게 1회만 씻어 물기를 제거한 뒤 사용한다.**

2 레몬 껍질을 칼로 저민다.

3 다른 냄비에 우유, 설탕, 레몬 껍질, 시나몬 스틱을 넣고 약불로 데운다.

4 (1)에 (3)을 넣고 약불로 30분간 서서히 끓인다.

5 불을 끄고 가끔씩 저으며 천천히 식힌 후 냉장고에 넣어 차갑게 식힌다.

6 레몬 껍질, 시나몬 스틱을 건져내고 죽을 그릇에 담아 시나몬 파우더를 뿌린다.

Torrija 스페인

토리하

4인분

남은 바게트를 튀겨 먹는 스페인 디저트

먹다 남아서 딱딱해진 바게트를 우유에 적셔 기름에 튀긴 디저트예요. 프렌치 토스트와 가장 큰 차이점이 바로 튀기는 부분이죠. 옛날에는 스페인에서 부활절 시즌에 고기 대신 콩으로 만든 메인 요리를 먹고 나서 이런 후식을 먹었다고 해요. 그렇게 영양을 보충했다는 거죠. 가끔 우유가 아닌 와인에 적신 다음 달걀을 입혀 기름에 튀기는 경우도 있어요.

Ingredients

바게트(수분이 많이 빠진 것, 두께 1.2cm) 8장, 달걀 2개, 올리브 오일 적당량

Batter 우유 400ml, 백설탕 3큰술, 시나몬 스틱 1개, 레몬 껍질 1/2개분

Topping 백설탕 3큰술, 시나몬 파우더 1작은술(백설탕의 약 1/10), 셰리주(페드로 히메네스), 꿀

Ready

달걀 풀어 달걀물 만들기

How to Cook

1 살짝 높이가 있는 트레이에 바게트를 올린다.

2 냄비에 반죽 재료를 넣고 설탕이 녹을 때까지 약불에서 서서히 데운다. 불을 끄고 그대로 식힌다.

3 (2)를 (1)의 바게트에 붓고 1시간 정도 그대로 재운다.

4 팬에 올리브 오일을 1cm 높이로 붓고 가열한다. (3)의 바게트를 달걀물에 담갔다 꺼내 중불에서 튀긴다.

5 기름기를 잘 뺀 다음, 기호에 따라 토핑 재료를 뿌려 먹는다.

Tarta de Santiago 스페인

산티아고 타르트

6인분 | 지름 20cm 원형틀

스페인 가르시아 지방의 유명 타르트

아몬드와 달걀, 설탕만으로 만든 심플한 버전의 타르트인데요, 맛이 화려하지 않고 담백해서 좋아요. 레몬 껍질의 향긋함이 포인트가 되어 심심하지 않습니다. 보통 럼주나 레몬즙을 넣어 맛에 포인트를 주는데 여기서는 레몬즙을 사용했어요.

Ingredients

달걀 4개, 레몬 껍질과 즙 1개분, 아몬드가루 225g, 밀가루 2와 1/2큰술, 베이킹파우더 1/2작은술, 설탕 150g, 시나몬 파우더 약간

Topping 슈거 파우더

Ready

20cm 원형틀에 종이 포일 빈틈없이 깔기 | 오븐 170℃로 예열하기

How to Cook

1. 달걀을 풀고 설탕을 조금씩 더하면서 크림 상태가 될 때까지 계속 젓는다.
2. 레몬 껍질과 레몬즙, 아몬드가루, 밀가루, 베이킹파우더, 시나몬 파우더를 넣어 주걱으로 잘 섞는다.
3. 원형틀에 반죽을 붓고 바닥에 탕탕 내리쳐 공기를 뺀 뒤 170℃로 예열한 오븐에서 40분 정도 굽는다.
4. 만들고 싶은 문양의 패턴 종이를 오려 타르트 위에 올린 뒤 슈거 파우더를 뿌려 장식해도 좋다.

Chocolate pots de crème 프랑스

6~8인분

쇼콜라 무스

프랑스의 솔푸드 디저트

프랑스에서 엄마들이 하교한 아이들에게 만들어주는 홈메이드 간식의 대표적인 메뉴로 유명해요. 달걀의 흰자와 노른자를 따로 휘핑했다가 나중에 섞는 게 포인트인데, 이것 역시 집집마다 엄마의 손맛이 맛을 좌우하죠. 저희 아이들이 어렸을 때 저도 자주 만들었는데 아이들이 참 좋아했던 기억이 남아 있어요.

Ingredients

다크 초콜릿 200g, 달걀 4개, 생크림 200ml, 물 2큰술, 백설탕 1큰술

Topping 휘핑크림, 카카오 파우더

Ready

달걀 노른자와 흰자 분리하기

How to Cook

1 다크 초콜릿은 잘게 다져 물 2큰술을 더해 중탕으로 녹인다.

2 녹인 다크 초콜릿이 어느 정도 식으면 달걀 노른자를 섞는다.

3 다른 볼에 생크림을 넣고 휘핑해 휘핑크림을 만들어 (2)에 넣고 섞는다.

4 또 다른 볼에 달걀흰자와 설탕을 넣고 거품이 나도록 한 방향으로 계속 저어 머랭을 만든다.

5 머랭을 두 번에 나누어 (3)에 넣고 젓는다.

6 디저트 글라스나 볼에 담아 냉장고에서 1시간 정도 차게 만든다.

7 휘핑크림이나 카카오 파우더를 올려 낸다.

Tarte au Citron 프랑스

레몬 타르트

지름 20cm 파이틀

프랑스 남부의 대중적인 타르트

남프랑스 특산품인 레몬이 풍부하게 들어가기 때문에 산미가 진한 타르트랍니다. 설탕이 꽤 많이 들어가지만, 레몬의 산미가 더해져 다른 타르트보다 덜 부담스럽다고 할까요? 그래서인지 더 많이 먹게 된다는 부작용(?)이 있어요. 차갑게 식혀 먹으면 더욱 맛있어요.

Ingredients

박력분 125g, 버터 50g, 슈거 파우더 50g, 달걀 1개, 소금 약간

Filling 달걀 3개, 생크림 50ml, 레몬즙 75ml, 레몬 껍질(다진 것) 1큰술, 백설탕 75g, 슈거 파우더 약간

Topping 휘핑크림, 레몬 제스트, 레몬 슬라이스

Ready

버터 상온에 두기 | 밀가루 체 치기 | 오븐 180℃로 예열하기

How to Cook

1 휘퍼로 버터를 크림화하고 슈거 파우더를 더해 완벽히 섞는다.

2 달걀 1개와 소금을 넣어 잘 섞은 뒤 체 친 밀가루를 넣어 반죽을 만든다.

3 반죽을 랩에 싸서 냉장고에서 2시간 동안 휴지시킨다.

4 반죽을 꺼내 밀대로 민 뒤 파이 틀에 올린다. 평평하고 여백이 없도록 틀에 잘 밀착시킨 후 포크로 바닥을 콕콕 찍어 구멍을 낸다.

5 유산지로 덮고 누름돌을 올려 180℃로 예열한 오븐에서 15~20분 가량 구운 뒤 유산지와 누름돌을 제거한다.

6 필링을 만든다. 볼에 달걀과 설탕을 넣고 핸드 믹서로 거품을 낸 뒤 나머지 필링 재료를 모두 섞어 (5)의 파이 틀에 붓는다.

7 180℃로 예열한 오븐에 넣어 타르트 색이 전체적으로 노릇노릇해지는지 확인하면서 5~10분 정도 굽는다.

8 휘핑크림이나 레몬 제스트, 레몬 슬라이스를 곁들여도 좋다.

Figues pochées au Vin blanc et Épices

프랑스

6인분

무화과 조림

지중해의 과일 무화과로 만든 조림

지중해 과일은 오렌지, 레몬, 무화과를 빼놓으면 할 말이 없죠. 그중에서 신선한 무화과에 화이트 와인, 정향, 시나몬 스틱을 넣고 조리는 '무화과 콩포트'는 대표적인 지중해 디저트랍니다. 레드 와인에 조리는 방법도 있지만, 저는 더 담백하게 화이트 와인에 조리는 것을 좋아해요. 생크림을 곁들이면 풍미가 더 좋아져요. 생크림 대신 요구르트를 얹어 먹어도 맛있습니다.

Ingredients

무화과 6개, 오렌지 1/2개, 클로브 8개, 시나몬 스틱 1개, 드라이 화이트 와인 200ml, 꿀 70ml, 설탕 50g

Whipped Cream 생크림 200ml, 바닐라 에센스 1방울, 설탕 1작은술

Topping 휘핑크림, 민트잎 약간

How to Cook

1 오렌지에 칼집을 넣어 클로브를 꽂는다.

2 클로브를 꽂은 오렌지와 무화과, 시나몬 스틱, 화이트 와인, 꿀, 설탕을 모두 냄비에 넣고 뚜껑을 닫은 상태로 약불에서 10분 정도 조린다.

3 완성된 무화과 조림에 민트잎을 얹고, 분량의 재료를 섞어 휘핑크림을 만들어 곁들여 낸다.

Granita di Caffé & Granita al Limone

이탈리아

커피 그라니타와 레몬 그라니타

남부 이탈리아의 셔벗, 그라니타

이탈리아 남부에서는 젤라토보다 그라니타를 더 자주 먹어요. 주로 커피와 레몬을 얼린 다음에 셔벗처럼 계속 긁어가며 만드는데요, 취향에 따라 다양한 재료로 맛에 변화를 줄 수도 있어요. 위에 휘핑크림을 올려 먹기도 합니다.

커피 그라니타

Ingredients 커피 원두 80g, 물 1L, 백설탕 80g, 레몬즙 1큰술

Topping 휘핑크림 300ml, 슈거 파우더 3큰술

Ready 커피 원두 에스프레소용 굵기로 갈아두기

How to Cook

1 냄비에 커피가루와 물을 넣고 한소끔 끓인다. 불을 끄고 5분 정도 그대로 둔다.

2 끓인 에스프레소를 커피 필터로 걸러낸 후 따뜻할 때 설탕을 넣어 잘 녹인다.

3 레몬즙을 첨가하고 냉동용기에 담아 냉동실에서 2~3시간 얼린다.

4 잘 언 커피 얼음을 꺼내 포크로 긁은 뒤 다시 냉동실에 넣고 얼린다.

5 20~30분마다 커피 얼음을 꺼내 긁고 다시 얼린다. 이 작업을 3~4회 반복해서 얼음 결정을 만든다.

6 휘핑크림에 슈거 파우더를 넣고 거품기로 젓는다.

7 커피 그라니타를 유리 그릇에 담고 위에 (6)의 크림을 올린다.

레몬 그라니타

Ingredients 레몬(대) 7개, 레몬(소) 4개, 물 200ml, 탄산수 150ml, 백설탕 180g, 민트잎 1줌

How to Cook

1 작은 레몬 4개는 칼로 껍질을 얇게 까서 레몬 필과 레몬 제스트를 만든다.

2 큰 레몬 7개는 모두 즙을 내어 500ml가 되도록 추출한다.

3 냄비에 (2)의 레몬즙, 물, 탄산수, 설탕, 민트와 (1)의 레몬 필을 넣고 한소끔 끓인다. 설탕이 녹으면 불을 끄고 뚜껑을 덮어 우려낸다. 그대로 두고 식힌다.

4 레몬 필과 민트를 건져낸 뒤 국물은 냉동용기에 담아 냉동고에서 4~5시간 얼린다.

5 얼린 레몬물을 포크로 으깨듯 전체적으로 긁은 뒤 냉동실에 2~3시간 둔다.

6 (5)를 유리 그릇에 담는다. 먹을 때 민트잎과 남은 레몬 과육이나 제스트를 곁들이면 훨씬 싱그럽다.

Ravioli dolci fritti di Ricotta

이탈리아

4인분

시칠리아식 라비올리 돌체

식사 대용으로도 좋은 이탈리아식 도넛

도넛 속에 초콜릿과 리코타 치즈를 넣고 튀긴 이탈리아식 후식이에요. 겉은 바삭하고 속에는 달콤한 필링이 가득해요. 단맛이 강하기 때문에 진한 커피와 함께 먹으면 좋아요. 만두 모양과 도넛 모양 등 다양한 형태로 만들어보세요.

Ingredients

강력분 500g+약간(덧가루용), 빵가루(입자가 고운 것) 300g, 우유 250ml, 무염버터 50g, 달걀 3개, 드라이 이스트 10g, 식용유(튀김용) 적당량, 백설탕 50g, 소금 약간

Filling 리코타 400g, 다크 초콜릿 100g, 백설탕 150g

Topping 슈거 파우더

Ready

강력분 체 치기 | 달걀 2개 풀어 달걀물 만들기

How to Cook

1. 볼에 체 친 강력분과 무염버터, 드라이 이스트, 설탕, 소금을 넣고 잘 섞는다.
2. 달걀 1개와 우유를 조금씩 넣어 섞는다.
3. 작업대에 강력분을 살짝 뿌리고 반죽을 올려 겉면이 매끄러워질 때까지 손으로 치댄다.
4. 아주 매끄러운 반죽이 되면 랩을 씌워 따뜻한 곳에서 1시간 30분 정도 발효시킨다.
5. 다른 볼에 리코타와 설탕을 넣어 잘 섞고 다크 초콜릿을 그레이터로 곱게 갈아 넣는다.
6. (4)의 반죽이 두 배쯤 부풀어 오르면 100g씩 잘라 밀대로 밀어 두께 1cm의 도넛피를 만든다.
7. 도넛피 가운데에 (5)를 한 큰술 넣고 감싸 둥글넓적한 도넛 모양으로 빚는다.
8. 유산지를 깐 트레이에 도넛을 올려두고 30분간 숙성시킨다.
9. (8)의 도넛에 달걀물, 빵가루 순으로 묻혀 170℃의 식용유에 튀긴다. * **한 번에 3개 이상은 튀기지 말 것!**
10. 전체가 노릇하게 튀겨지고 속까지 뜨거워지면 건져서 유산지 위에 올려둔다.
11. 따뜻할 때 슈거 파우더를 뿌려 먹는다.

Karidopita 그리스

호두 케이크

가로×세로 20cm 사각 틀 기준

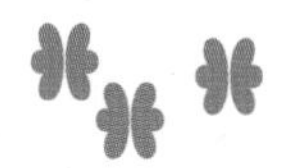

동지중해 지역의 견과류 디저트

동지중해 지역에서는 견과류를 많이 먹어요. 특히 그리스에는 아몬드가루를 섞어 만든 '누가nougat'와 같은 게 있는데, 그 반죽을 오븐에 구운 뒤 럼이나 블렌딩한 시럽 등을 뿌려 먹는 음식이 많아요. 이 호두 케이크는 통밀가루를 써서 식감이 퍽퍽할 수 있기 때문에 시럽을 뜨거울 때 뿌려 촉촉하게 만들었어요.

Ingredients

호두 200g, 통밀가루 180g, 베이킹파우더 5g, 달걀 2개, 올리브 오일 125ml, 플레인 요구르트 125ml, 설탕 100g, 소금 1/4작은술

Syrup 브랜디 2큰술, 꿀 2큰술

Topping 호두 약간

Ready

사각틀에 유산지 깔기 | 오븐 180℃로 예열하기

How to Cook

1 호두는 장식용을 제외한 나머지를 칼로 곱게 다진다.

2 볼에 달걀과 설탕을 넣고 거품기로 거품을 낸다.

3 통밀가루에 소금, 베이킹파우더, 올리브 오일, 플레인 요구르트, 다진 호두를 넣고 주걱으로 잘 섞다가 (2)를 넣고 한 번 더 섞는다.

4 유산지를 깐 틀에 반죽을 넣고 바닥에 내리쳐 공기를 뺀다.

5 180℃로 예열한 오븐에서 40분간 굽는다.

6 소스팬에 브랜디와 꿀을 섞어 한소끔 끓인다.

7 호두 케이크를 오븐에서 꺼내 (6)을 케이크 위에 뿌리고 20분 정도 재운다. 장식으로 호두를 올린다.

Basbousa & Labneh 중동

세몰리나 케이크와 라브네 요구르트

세몰리나 케이크 23×10×6.5cm 파운드케이크틀
라브네 요구르트 400g

세몰리나로 만든 건강한 케이크

지중해 연안 지역에서는 밀가루 대신 듀럼밀인 세몰리나를 쓰는 경우도 많습니다. 식감이 더 거친 편인데 우유도 넣지 않고 달걀만 넣어서 반죽을 해요. 대신 과일 즙을 넣어 촉촉하게 만들죠. 라브네는 레바논이나 동지중해 지역에서 많이 먹어요. 플레인 요구르트에 소금을 넣어 하루 이상 냉장고에서 물기를 뺀 요구르트입니다. 여기에 올리브 오일을 뿌려 딥소스로 빵 위에 올려 먹어요.

세몰리나 케이크

Ingredients

세몰리나 200g, 아몬드가루 115g, 베이킹파우더 1/2작은술, 달걀 3개, 레몬 껍질 1/2개분, 오렌지 껍질 1/2개분, 올리브 오일 185ml, 레몬즙 1개분, 오렌지즙 1개분, 오렌지 리큐어(쿠앵트로) 4큰술, 설탕 120g, 소금 1/3작은술

Ready

오븐 170℃로 예열하기

How to Cook

1. 오렌지와 레몬의 껍질을 제스트로 만든다.
2. 볼에 세몰리나, 아몬드가루, 베이킹파우더를 넣고 섞는다.
3. 오렌지즙과 레몬즙, 올리브 오일, 설탕, 소금을 더해 가볍게 섞는다.
4. 다른 볼에 달걀과 설탕을 넣고 거품기로 잘 섞는다.
5. (3)에 (4)를 넣고 자르듯이 저은 다음 케이크 틀에 붓고 바닥에 탕탕 내리쳐 공기를 뺀다.
6. (1)의 제스트를 맨 위에 얹고 170℃로 예열한 오븐에서 40분간 굽는다.
7. 오븐에서 꺼내 10분간 식혔다가 오렌지 리큐어를 뿌리고 접시에 담는다.

라브네 요구르트

Ingredients

무가당 플레인 요구르트 800g, 슈거 파우더 80g, 소금 1/4작은술

How to Cook

1. 볼에 모든 재료를 넣고 잘 섞는다.
2. 체에 면포를 깐 뒤 다른 볼 위에 올린다. 면포에 (1)을 붓고 면포를 묶는다.
3. 냉장고에 18시간 동안 두어 유청을 제거한다. 체에서 내리기 전에 한 번 쭉 짜서 남은 물기를 제거한다.

BASIC

지중해 요리 주요 소스

지중해 요리 기본 육수

지중해 요리의 재료와 구입처

지중해 요리 주요 소스

지중해 요리에 곁들여 먹으면 한층 풍미가 살아나는 소스를 소개합니다.

알리올리 소스 Salsa Allioli 스페인

120ml

마늘, 달걀노른자, 올리브 오일로 만든 딥소스로 마늘의 톡 쏘는 자극이 특징이에요. 달걀노른자가 들어 있기 때문에 빠른 시일 내에 먹어야 해요.

Ingredients 달걀노른자 1개, 마늘 4쪽, 올리브 오일 150ml, 식초 1작은술(또는 레몬즙 1/4개분), 소금 1/3작은술

Ready 달걀 상온에 두기

How to Cook

1 마늘은 굵게 다진 뒤 절구에 넣고 으깬다.

2 마늘즙이 나오기 시작하면 달걀노른자를 넣고 한 방향으로 젓는다. 마늘과 노른자가 잘 섞이면 올리브 오일 1큰술을 넣고 계속해서 같은 방향으로 젓는다.

3 이 과정을 분량의 올리브 오일을 다 넣을 때까지 반복한다.

4 마지막에 소금과 식초를 넣고 잘 섞어 완성한다. * **절구가 없을 경우에는 용기에 마늘과 달걀노른자를 넣고 핸드 블렌더로 갈다가 올리브 오일을 1큰술씩 넣어가면서 간다. 마지막에 소금과 식초를 넣어 잘 섞는다.**

살사 베르데 Salsa Verde 스페인

100ml

지중해 각국에서 다양한 이름으로 불리며 일상적으로 쓰이는 '초록색' 소스랍니다. 해산물과 육류에 모두 잘 어울려요. 스페인 스타일에는 이탤리언 파슬리가 메인 재료로 사용돼 느끼함을 잡아줘요.

Ingredients 이탤리언 파슬리 3줄기, 마늘 3쪽, 올리브 오일 100ml, 소금 1/2작은술, 후춧가루 약간

How to Cook

1 파슬리와 마늘은 굵게 다진다.

2 모든 재료를 핸드 블렌더 또는 푸드 프로세서 용기에 넣고 간다.

살사 로메스코 Salsa Romesco 스페인

300ml

스페인 전통 소스로 토마토와 생선을 함께 먹기 위해 만들어졌다고 해요. 마늘이나 견과류를 넣어 풍미를 더해주죠. 육류와 해산물뿐 아니라 채소나 과자에 곁들여도 좋아요.

Ingredients

바게트(두께 1cm) 2장, 완숙 토마토 1개, 레드 파프리카 1개, 아몬드 2큰술, 호두 2큰술, 마늘 2쪽, 올리브 오일 적당량

Paste 올리브 오일 4큰술, 셰리 와인 비네거 2큰술, 소금 2작은술, 파프리카 파우더 1작은술

How to Cook

1 파프리카는 씻어서 통째로 석쇠에 굽거나 직화로 겉면만 까맣게 구운 후 스테인리스 스틸 볼이나 유리 볼에 넣고 포일로 덮어 뜸을 들인다.

2 파프리카가 완전히 식으면 껍질을 까고 씨를 제거한다. 이때 나오는 파프리카즙은 따로 담아둔다.

3 아몬드와 호두는 굵게 다진다.

4 팬에 올리브 오일을 둘러 달군 뒤 바게트를 올려 앞뒤를 노릇하게 굽는다.

5 토마토는 꼭지를 떼고 4등분한 후 마늘과 같이 올리브 오일을 두른 팬에 올려 노릇하게 구운 뒤 토마토 껍질은 제거한다.

6 믹서에 (2)의 파프리카와 파프리카즙, (3)의 아몬드와 호두, (4)의 바게트, (5)의 토마토와 마늘을 모두 넣고 갈다가 양념 재료를 넣어 퓌레 상태가 될 때까지 계속 간다.

살사 모호 Salsa Mojo 스페인

100ml

향긋한 고수와 상큼한 레몬즙이 들어간 스페인식 소스로 존재감이 뚜렷한 소스랍니다. 고기나 빵 등에 곁들여 먹으면 느끼한 맛을 깔끔하게 잡아주는 역할을 해요.

Ingredients

고수 20g, 이탤리언 파슬리 20g, 마늘 1쪽, 셰리 와인 비네거 20ml, 레몬즙 1/4개분, 올리브 오일 적당량, 커민 적당량, 후춧가루 적당량

How to Cook

1 고수, 파슬리, 마늘은 굵게 다진다.

2 모든 재료를 핸드 블렌더 또는 푸드 프로세서 용기에 넣고 간다.

그린 올리브 타프나드 Green Olive Tapenade 프랑스

80ml

올리브와 앤초비로 만든 프로방스식 딥소스로 바게트에 발라 한입 베어 물면 그 조화로움에 반드시 감탄할 거예요. 빵과 채소, 고기와 생선 요리에 모두 잘 어울려요.

Ingredients 그린 올리브 100g, 마늘 2쪽, 앤초비 2마리, 케이퍼 1작은술, 잣 1작은술, 토마토퓌레 1작은술, 올리브 오일 100ml, 레몬즙 2큰술

How to Cook

1 올리브 씨를 모두 제거한다.

2 모든 재료를 핸드 블렌더 또는 푸드 프로세서 용기에 넣고 간다.

앙쇼이야드 Anchoïade 프랑스

80ml

앤초비를 잘게 다진 소스로 감칠맛이 일품인 프랑스 소스랍니다. 빵에 곁들여 먹거나 파스타 소스로 활용하면 아주 그만이죠.

Ingredients 앤초비 60g, 마늘 2쪽, 케이퍼 2작은술, 올리브 오일 100ml

How to Cook

1 마늘은 굵게 다진다.

2 모든 재료를 핸드 블렌더 또는 푸드 프로세서 용기에 넣고 간다.

피스투 Pistou 프랑스

100ml

생바질과 마늘, 올리브 오일을 절구에 넣고 빻거나 갈아서 먹죠. 수프에 곁들여 먹는 게 보통 프랑스식이랍니다.

Ingredients 바질 30g, 마늘 2쪽, 잣 2작은술, 올리브 오일 60ml, 소금 1/2작은술

How to Cook

1 마늘과 바질은 굵게 다진다.

2 모든 재료를 핸드 블렌더 또는 푸드 프로세서 용기에 넣고 간다. 이때 한꺼번에 갈지 말고 몇 초간 돌리다가 멈추고 다시 돌리는 것을 3~4회 반복한다.

살사 베르데 Salsa Verde 이탈리아

200ml

이탈리아 스타일의 '살사 베르데'는 이탤리언 파슬리 외에도 앤초비가 들어가 감칠맛이 확 살아나는 특징이 있어요. 입맛 돋우는 데 그만이죠.

Ingredients

파슬리 6줄기, 민트 20g, 차이브 20g, 앤초비 2마리, 케이퍼 2작은술, 올리브 오일 120ml, 화이트 와인 비네거 1큰술, 레몬즙 1/2개분, 소금 약간, 후춧가루 약간

How to Cook

1 마늘은 굵게 다진다.

2 모든 재료를 핸드 블렌더 또는 푸드 프로세서 용기에 넣고 간다. 이때 한꺼번에 갈지 말고 몇 초간 돌리다가 멈추고 다시 돌리는 것을 3~4회 반복한다.

그레몰라타 Gremolata 이탈리아

170ml

이탈리아의 대표적인 송아지 뼈 찜 요리에 곁들이는 소스랍니다. 다진 파슬리와 양파에 올리브 오일과 레몬즙을 섞어 만들어요. 육류와 특히 잘 어울립니다.

Ingredients

파슬리 6줄기, 양파 1/4개, 오레가노 10g, 마늘 1쪽, 올리브 오일 50ml, 레몬 껍질과 즙 1/2개분, 소금 약간, 후춧가루 약간

How to Cook

1 마늘과 파슬리, 오레가노, 양파를 굵게 다진다.

2 모든 재료를 핸드 블렌더 또는 푸드 프로세서 용기에 넣고 간다. 이때 한꺼번에 갈지 말고 몇 초간 돌리다가 멈추고 다시 돌리는 것을 3~4회 반복한다.

차지키 Tzatziki 그리스

400ml

원래는 치즈같이 맛이 진한 그리스 요구르트로 만들어요. 레시피에서는 시중에서 파는 플레인 요구르트에 크림치즈를 섞어 맛을 낼 거예요.

Ingredients 오이 1개, 마늘 2쪽, 플레인 요구르트 300ml, 크림치즈 70ml, 올리브 오일 4큰술, 민트잎(다진 것) 3큰술, 소금 2작은술

How to Cook

1 오이를 다져 유리 볼에 넣고, 소금 1작은술을 뿌려 10분 정도 절인다.

2 오이에서 수분이 나오면 물기를 꼭 짜서 제거한 뒤 다른 그릇에 담는다.

3 요구르트와 크림치즈를 그릇에 담고 핸드 블렌더 등으로 섞은 뒤 오이와 나머지 재료를 함께 넣고 간다.

고수 요구르트 소스 Coriander Yogurt Sause 중동

250ml

중동의 대표적인 식재료인 요구르트와 고수를 활용한 소스인데, 이 소스 하나만으로도 중동의 맛과 향을 대표할 수 있죠. 육류나 빵에 곁들이면 좋아요.

Ingredients 걸쭉한 플레인 요구르트 250g

Paste 타히니(189쪽 참고) 1큰술, 꿀 1큰술, 레몬즙 1작은술, 소금 약간

Topping 올리브 오일, 파프리카 파우더, 고수(다진 것)

How to Cook

1 요구르트에 양념을 잘 섞는다.

2 그릇에 담고 고명으로 올리브 오일, 파프리카 파우더, 다진 고수를 뿌린다.

하리사 Harissa 중동

250ml

매콤하고 칼칼한 고추에 각종 향신료가 더해진 중동의 대표적인 소스랍니다. 고추를 직화로 구워 껍질을 벗긴 뒤 사용하는데, 그래야 감칠맛과 자연스러운 단맛이 생겨요.

Ingredients

홍고추 10개, 마늘 5쪽, 올리브 오일 3큰술, 레몬즙 1큰술, 고수씨 1과 1/2큰술, 토마토퓌레 2작은술, 커민씨 1/2작은술, 캐러웨이씨 1/2작은술, 소금 1작은술

How to Cook

1 홍고추는 씻어서 통째로 석쇠에 굽거나 직화로 겉면만 까맣게 구운 후 스테인리스 스틸 볼이나 유리 볼에 넣고 포일로 덮어 뜸을 들인다.

2 고추가 완전히 식으면 껍질을 까고 씨를 제거한다. 이때 절대 물로 씻지 않아야 맛이 빠져나가지 않는다.

3 (2)의 홍고추와 마늘을 굵게 다진다.

4 달군 팬에서 고수씨, 커민씨, 캐러웨이씨를 향이 나올 때까지 볶은 뒤 바로 핸드 블렌더 또는 푸드 프로세서 용기에 넣고 간다.

5 (4)에 나머지 재료를 모두 넣고 간다.

타히니 Tahini 중동

120ml

참깨로 만든 고소한 맛의 타히니 소스는 주로 후무스에 곁들여 먹는 게 보통이에요. 깨는 오븐에 구워서 사용하는데, 그래야 기름의 전 내를 막고 오랫동안 고소하게 먹을 수 있어요.

Ingredients

참깨 2컵, 마늘 2쪽, 올리브 오일 150ml, 레몬즙 3큰술, 소금 1작은술, 커민 파우더 1/2작은술

How to Cook

1 깨를 오븐 트레이에 깔고 10분간 180℃에서 노릇하게 굽는다. 이때 3분마다 뒤집는다.
*** 팬에서 볶는다면 깨가 타지 않게 불 조절에 신경 쓴다.**

2 (1)의 깨가 어느 정도 식으면 나머지 재료와 같이 핸드 블렌더 또는 푸드 프로세서 용기에 넣고 완전히 가루 상태가 될 때까지 올리브 오일을 조금씩 넣어가며 간다.

지중해 요리 기본 육수

지중해 요리 특유의 깊은 맛과 감칠맛을 책임져 줄 맞춤형 기본 육수를 소개할게요.

닭육수 Chicken Stock

2L

닭육수는 담백하고 깔끔한 감칠맛을 내 지중해 요리의 국물이나 볶음 요리에 활용돼요. 특별한 양념 없이도 재료 본연의 깊은 맛을 내는 데 도움을 준답니다.

Ingredients 닭 1팩(볶음용, 1kg 전후), 양파 1개, 마늘 6쪽, 셀러리 1대, 이탈리언 파슬리(줄기 부분) 1줄기, 물 5L, 소금 약간

How to Cook

1. 닭은 잘 씻어서 끓는 물에 넣고 살짝 데친다.
2. 양파와 마늘, 셀러리, 파슬리는 한입 크기로 자른다.
3. 큰 냄비에 닭과 (2)의 향신 재료를 넣고 물을 부어 강불에서 끓인다.
4. 한소끔 끓인 뒤 거품을 걷어내고 2시간 정도 중약불에서 뭉근히 끓인다.
5. 체에 밭쳐 국물만 따른 뒤 소금으로 간을 한다.

Note 닭육수는 한번 만들어 500ml 지퍼백에 소분해 담아 냉동한 뒤 필요할 때마다 꺼내 쓰면 편하다. 시판 닭육수, 치킨스톡으로 대체 가능하다.

생선육수 Fish Stock

2L

생선의 뼈와 대가리를 푹 끓여서 만든 생선육수는 개운한 맛을 내요. 그 맛을 더 극대화하기 위해 생선 뼈와 대가리를 굽거나 볶은 후에 끓이는 게 포인트랍니다.

Ingredients

흰 살 생선(대구 또는 아귀) 뼈와 대가리 1마리분, 양파 1/2개, 통후추 10알, 마늘 1쪽, 월계수잎 1장, 물 3L, 올리브 오일 3큰술

How to Cook

1. 올리브 오일을 두른 냄비에 마늘을 다져 넣고 중불에서 볶다가 향이 나면 생선 뼈와 대가리를 넣어 겉면만 노릇하게 굽는다.
2. (1)에 미지근한 물과 나머지 재료를 넣고 중불에서 끓인다.
3. 한소끔 끓인 뒤 거품을 걷어내고 중약불에서 30분간 더 끓인 다음 체에 밭쳐 건더기를 제거한다.

Note 생선육수도 한번 만들어 500ml 지퍼백에 소분해 담아 냉동한 뒤 필요할 때마다 꺼내 쓰면 편하다. 생선 뼈나 대가리가 더 많다면 취향에 따라 더 진하게 끓이거나 물양을 더 넣어 양을 조절한다.

지중해 요리의 재료와 구입처

지중해 요리에 기본이 되는 식재료들과 국내에서의 구입처를 소개합니다.

올리브 오일 Olive oil

예전부터 집에서 기르고 싶었던 나무가 있었어요. 그것은 올리브 나무. 정원에 올리브, 무화과, 레몬 나무를 심어 허브처럼 갓 딴 열매를 요리교실의 식재료로 쓰는 것이 꿈이었지요. 하지만 이들 나무는 서울의 혹한을 견뎌낼 수 있는 식물이 아니라서 포기하고 말았어요. '추운 한국에서 올리브 나무는 구할 수 없을 거야'라고 스스로를 위안하며 아쉬움을 달래기도 했어요. 그러던 중 뜻밖에도 서울에서 작은 올리브 나무를 구할 수 있었어요. 가느다란 줄기에 연약해 보이기만 하던 올리브 나무는 금세 열매를 맺었고, 대롱대롱 매달린 열매는 초록색에서 검은색으로 변해가고 있답니다.

올리브 오일은 바로 이 열매로 만들어요. 우리가 잘 아는 콩기름, 유채유, 해바라기유, 포도씨유 같은 식물유는 씨앗으로 만드는데, 씨앗만으로는 기름을 얻을 수 없기 때문에 제조 과정에서 화학적 수단을 동원해야 해요. 하지만 올리브 오일, 특히 엑스트라 버진 올리브 오일은 열매를 짜내 유분과 수분을 분리시키기만 하면 된답니다. 다시 말해 올리브 오일은 올리브 열매로 만든 100% 주스예요.

올리브 오일은 비타민과 미네랄 등 200종이 넘는 성분을 포함하고 있어요. 인체에 유효한 올리브산 등 건강과 미용에 좋은 성분들도 풍부하답니다.

화학 처리 과정을 거치지 않은 신선한 올리브 오일에서는 여름 볕을 쬔 풀숲이나 토마토에서만 맡을 수 있는 싱그러움, 젖은 숲의 흙내가 나요. 톡 쏘는 맛, 쓴맛, 짠맛 등 다양한 맛도 느낄 수 있지요. 올리브 오일을 단순히 '기름'으로만 사용하지 말고, 요리의 마무리 단계에 넣거나 뿌리면 음식과 어우러져 풍미를 즐길 수 있답니다.

올리브 오일 사용 포인트

올리브 오일은 품질이 잘 변하지 않는 안정적인 기름이에요. 아직 개봉을 하지 않았다면 몇 년간은 더 보관해도 문제없어요. 하지만 올리브 오일은 일종의 과즙이므로 신선한 것이 향과 맛이 더 좋겠지요. 와인처럼 장기 숙성시킬 필요가 없기 때문에 올리브 오일을 구입할 때는 가능한 한 최근에 생산된 것을 고르고 품질이 변하지 않도록 잘 보관합니다. 개봉 후에는 되도록 빠른 시일 내에 사용하는 게 좋아요.

Point 1 직사광선이 닿지 않는 곳에 둔다

일반적으로 올리브 오일은 자외선에 약해요. 올리브 오일의 병을 보면, 하나같이 자외선의 영향을 받지 않도록 짙은 색으로 되어 있어요. 만약 올리브 오일이 투명한 병에 들어 있다면 알루미늄 포일로 감싸 두는 게 좋아요.

Point 2 공기에 닿지 않도록 한다

오일은 공기에 노출되면 서서히 산화됩니다. 개봉한 올리브 오일 마개로는 통기성이 있는 코르크보다 금속 캡이 적합해요. 사용 후 마개는 꽉 닫아두세요.

Point 3 시원한 곳에 보관한다

올리브 오일은 높은 온도에 보관하면 품질이 나빠져요. 전자레인지나 가스레인지 주변은 피하고 되도록 시원한 곳에 두세요. 기온이 30℃ 이상 올라가는 여름에는 냉장고나 실온 5℃ 이하의 서늘한 장소에 보관하세요. 올리브 오일에 결정이 생성되어 하얗게 변하기는 해도 상온에 두면 원래대로 돌아옵니다. 조금 향이 날아가기는 하지만 품질에는 아무 이상없어요.

Point 4 커다란 병이나 캔에 든 올리브 오일은 조금씩 나누어 보관한다

1L짜리 플라스틱 병이나 커다란 캔에 든 업소용 올리브 오일을 구입했을 경우, 쓸 만큼만 작은 병에 옮겨 담은 후 나머지는 밀봉하여 햇볕이 들지 않는 곳에 보관합니다. 그래야 갓 만들어진 듯한 신선함을 오래도록 유지할 수 있어요.

Point 5 엑스트라 버진 올리브 오일은 가열해도 되지만, 가능한 한 풍미를 살릴 수 있는 요리법을 연구한다

요리의 마무리 단계에 살짝 뿌려 깊은 맛과 향을 즐기는 엑스트라 버진 올리브 오일. 120℃ 정도까지는 가열해도 엑스트라 버진의 풍미와 여러 가지 유효한 성분은 거의 유지돼요. 하지만 튀김 요리를 할 때처럼 180℃ 이상의 고온에서 장시간 조리하면 유효 성분이 사라지고 맙니다. 불 조절에 주의하여 160~180℃를 유지하면 주성분인 올레산과 항산화 성분이 풍부한 엑스트라 버진으로도 튀김 요리를 만들 수 있어요. 튀김 요리에는 여과된 것을 사용하세요. 여과되지 않은 것은 저온 열처리를 하지 않은 생식용이에요.

Point 6 요리의 마지막을 장식하는 감초!

올리브 오일의 가장 큰 장점은 조미료로 활용할 수 있다는 거예요. 과일 향, 톡 쏘는 풍미, 매운맛, 쓴맛 등 올리브 오일 특유의 다양한 개성은 식재료의 맛을 이끌어내지요.
올리브 오일은 흔히 샐러드 또는 요리에 뿌려 먹거나 나물에 뿌려 버무리거나 빵에 발라 먹는 것으로 알고 있는데, 불 조절에 유의하면 굽고 조리고 볶고 튀기는 데도 적합해요.
또, 다른 오일에 비해 위에 부담없는 요리를 만드는 데도 좋아요. 김치찌개나 수프 등 국에도 마지막에 엑스트라 버진 올리브 오일을 한 방울 떨어트리면 풍미와 감칠맛이 살아나지요. 밥이나 면류에 뿌려 먹어도 맛있어요.
드레싱 소스의 베이스뿐 아니라 올리브 오일에 갖가지 허브나 고추의 매운맛, 감귤류의 향 등을 넣어 만드는 플레이버 오일에도 사용돼요. 식재료가 잠길 정도로 올리브 오일을 부어 만드는 오일 절임은, 올리브 오일의 항산화력으로 채소, 육류, 어패류 등이 상하지 않도록 한 이탈리아인의 지혜가 담긴 요리예요. 아이스크림이나 음료에 뿌려 먹는 것 말고도 비스코티Biscotti같은 과자를 만들 때 버터 대신 넣기도 하는 등 올리브 오일의 활용법은 무궁무진해요.

비네거 Vinegar

요리교실 수업에는 그날그날 레시피 재료에 맞춰 올리브 오일과 비네거의 종류를 결정해요. 사실 올리브 오일은 이탈리아 혹은 스페인산을 몇 만 원씩 주고 사서 쓰기는 해도 비네거, 즉 식초는 저렴한 양조 식초를 쓴다든지 이탈리아 발사믹 식초를 와인 비네거로 여기는 등 비네거의 중요성에 대해 제대로 알고 있는 경우는 많지 않습니다. 한편 분주히 몸을 움직이며 요리에 관한 설명과 만드는 과정을 보여줘야 하는 수업 시간에 '심도 깊은 식초의 세계'에 관해 설명해야 하는 필요성을 가슴 깊이 느끼면서도 생각만큼 실현하지 못하기도 했어요. 하지만 다행히도 이 책을 통해 비네거에 대해 이야기할 수 있게 됐네요.

대형 마트의 조미료 코너에 가면, 현미를 비롯해 쌀, 곡물, 사과, 레몬 등 다양한 재료로 만든 식초가 즐비하게 진열되어 있어요. 유기농 코너나 유기농 전문점에서는 감식초, 매실 식초 등의 과일 발효식초도 팔고 있지요. 샐러드에 뿌리는 3큰술의 엑스트라 버진 올리브 오일이 드레싱의 맛을 좌우하듯이 식초의 풍미도 드레싱과 요리에 결정적인 영향을 미칩니다. 그러므로 식초도 골라서 써야 해요.

비네거는 어떻게 만들어졌나요?

와인을 오랫동안 열어두면 맛이 시큼하게 변합니다. 하지만 단순하게 와인이 변질된 것이 아니에요. 중세 시대에 식초의 용도는 참으로 광범위해서 음료나 조미료뿐 아니라, 화장수, 먹는 약, 페스트(흑사병), 발열, 뱀에 물린 상처 등에 쓰이는 외용약으로도 사용됐다고 해요. 식초 제조방법을 몰랐기에 만병통치약으로 여겨진 것 같아요.

유럽에서 식초의 제조 방법이 밝혀진 것은 19세기 중반의 일로, 프랑스의 미생물학자 루이 파스퇴르Louis Pasteur가 식초의 제조에는 효모 작용이 필요하다는 것을 발견한 후로 식초의 공업화가 시작됐지요.

비네거는 어떻게 만들어질까요?

식초는 곡류, 과일 등 당질을 포함한 재료를 발효시켜 알코올화alcoholization된 것을 초산균으로 발효해 만들어요. 식초의 원료인 알코올 성분은 맛과 향의 핵심이지요. 프랑스에서는 좋은 와인 산지에서 훌륭한 식초가 탄생한다는 말이 있을 정도랍니다.

한국이나 일본에서는 쌀이나 현미로 만든 쌀 식초인 미초와 옥수수나 보리 등을 이용한 곡물 식초가 주류를 이루지요. 또 레몬이나 사과의 맛을 낸 인공적인 식초들도 눈에 띄는데, 한국에서는 감이나 매실을 이용한 자연발효식초도 쉽게 찾을 수 있어요. 저도 매실 식초나 감식초를 활용해 이따금 드레싱의 맛에 변화를 주곤 해요.

좋은 식초를 만들기 위해서는 자연 그대로가 아닌, 자연과 잘 조화를 이룬 환경을 조성하는 것이 중요해요. 그래서 끊임없이 공기를 공급하는 특수 발효탱크에서 초산발효가 이루어지도록 하고 있지요. 이렇듯 세심한 주의를 기울여 완성된 식초는 산도는 높지만 자극성이 적은 원료인 오크 통(또는 참나무통, 술통, 술단지)의 향이 베어 깊은 향과 부드러운 맛을 품게 됩니다.

비네거의 효능

식초는 예로부터 건강과 미용에 좋은 음료로 여겨져 왔는데 식욕 증진과 소화를 돕는 것은 물론, 식초의 주성분인 구연산 같은 유기산은 피로물질인 젖산의 분해를 도와 노폐물의 축적을 막아줘요. 오래전 로마 병사들은 행군이나 원정 때 '포스카'라는 물과 식초를 섞은 음료를 지니고 다니며 갈증과 피로를 풀었다고 해요.

비네거의 종류	프랑스어 / 영어	원료	특징
화이트 와인 비네거	vinaigre de vin blanc / white wine vinegar	화이트 와인	원료 와인의 맛과 향에 의한 특징이 나온다. 요리 마무리의 색깔에 영향을 주지 않으므로 널리 이용된다. 가벼운 상큼한 맛. 드레싱이나 절임, 무침의 용도, 닭고기나 흰 살 생선과 잘 어울린다. 수제 마요네즈 등에 쓰인다.
레드 와인 비네거	vinaigre de vin rouge/ red wine vinegar	레드 와인	레드 와인의 색을 띤다. 화이트 와인 식초보다 깊이감이 있고, 맛에 개성이 있다. 드레싱, 육류나 생선의 베이스나 소스 등에 쓰인다.
샴페인 비네거	vinaigre de champagne/ champagne vinegar	샴페인	엷은 황금색으로 상큼한 맛. 오크 통에서 5년 정도 숙성시켜 만든다. 닭고기나 흰 살 생선의 소스에 어울린다.
셰리 비네거	vinaigre de xeres/ sherry vinegar	셰리Sherry주	셰리주는 스페인 남부 안달루시아 지방의 헤레스 데 라 프론테라 주변이 생산지. 청포도를 주로 사용하며, 포도의 종류에 따라 강한 맛, 순한 맛, 매운맛, 단맛이 있다. 화이트 와인을 산화·숙성시켜 만드는데, 종류에 따라 공정이 달라진다. 셰리 비네거는 셰리주와 같은 술통에서 6개월~25년간 숙성시킨다. 밝은 갈색으로 깊이가 있고 부드러운 맛. 해산물 샐러드나 양고기 등의 육류 요리에 어울린다.
발사믹 비네거	vinaigre balsamique/ balsamic vinegar	졸인 포도 과즙	달콤한 풍미가 있는 부드러운 신맛의 이탈리아 식초. 전통적인 것은 통에서 장기숙성시켜 짙은 갈색을 띠며, 나무의 진의 향이나 바닐라 향 등이 뒤섞인 복잡한 향내가 있다. 육류 요리, 생선 요리, 샐러드의 마무리로 제격.
사과주 비네거 시드르주 비네거	vinaigre de cidre/ apple wine vinegar	시드르cidre주	시드르주는 사과 과즙을 발효시켜 만든 술. 다양한 타입의 사과주용 사과를 섞어 맛의 균형을 이룬다. 알코올은 3~5도 전후로 가볍게 발포한다. 강한 맛, 순한 맛, 매운맛, 단맛이 있다. 포도 재배에 적합하지 않은 프랑스 북부, 영국, 스페인의 갈리시아 지방, 독일 등에서 생산된다. 시드르주를 원료로 하는 시드르주 비네거는 프랑스 노르망디, 부르타뉴 지방에서 만들어진다. 황금색으로 신맛 중간에 희미하게 달콤한 향기가 퍼진다. 올리브 오일보다도 호두 오일과 섞어 샐러드 드레싱을 만들거나, 해산물 수프나 소스, 과일 절임에 적합하다.
곡물 비네거	vinaigre de malt/ maltvinegar	엿기름과 보리, 호밀, 옥수수, 밀 등	영국이나 독일에서 많이 제조한다. 다갈색. 부드러운 맛. 영국에서는 피시 앤 칩스에 곁들이거나, 설탕과 민트를 더해 양고기 소스로 만든다.
알코올 비네거	vinaigre blanc/ white vinegar	비트나 옥수수로 만들어진 순 에틸 알코올	일반적으로 무색으로 화이트 비네거로도 불리지만, 캐러멜로 착색한 것도 있다. 주로 초절임이나 가공식품, 조미료의 제조에 쓰인다.
허브 비네거		와인 식초, 각종 허브	와인 비네거에 타라곤, 로즈메리, 타임 등의 허브와 고추 같은 매운 향신료를 양념해 재워 향을 옮긴 식초. 절인 잎도 이용할 수 있다.
쌀 식초 / 현미 식초		쌀, 누룩	백미는 무색, 현미는 황금색. 쌀의 단맛과 부드러움이 특징. 초밥이나 초절임 등 일본 요리에 가장 적합한 식초. 현미 식초나 흑초는 쌀 식초보다 깊이가 있어 돼지고기 요리 등 중화요리에 어울린다.
과일 비네거		와인 비네거 등, 블루베리나 라즈베리 등의 과실	와인에 라즈베리 등의 과일 주스를 더해 과일의 풍미를 더한 향미 식초. 과일 샐러드 등의 드레싱이나 소고기의 향을 더할 때 제격이다.

소금 Salt

요리를 직업으로 삼기 전부터 소금에 대해 집착하는 편이었는데, 보슬보슬 새하얀 정제 소금은 되도록 피하고 깊은 맛을 내는 천연소금을 골라 쓰고 있어요. 양질의 올리브 오일이나 식초보다도 진귀한 천연 소금을 구매하면 '어떤 요리에 이 소금을 사용해볼까?' 상상하는 것만으로도 행복감을 느낄 정도로 소금을 사랑해요.

자연 소금에는 바다의 혜택을 받은 천일염과 지각변동으로 바닷물이 지층 내에서 결정화한 암염이 있는데, 저는 대부분의 요리에 한국을 비롯한 세계 각국의 천일염을, 샐러드나 나물 등에는 히말라야의 암염이나 아르헨티나 소금호수의 암염을 사용하고 있어요. 흔히 쓰이는 정제염은 바닷물을 화학적으로 결정화하므로 불순물이 거의 제거되어 염화나트륨이 99% 이상이지만 단순한 짠맛이랄까, 오직 짠맛만이 입안에 맴돌지요.

한편, 천일염은 바닷물을 햇볕에 말리거나 평평한 가마솥에 삶아서 결정화하는 전통적인 방식으로 제조된 것을 말해요. 염화나트륨 외에도 마그네슘, 칼륨, 칼슘 등 바다의 선물이라 할 만한 미네랄 성분을 포함하므로, 정제염보다는 부드러운 풍미와 감칠맛이 묻어나지요.

잊지 말아야 할 것은 음식마다 소금을 구분해서 사용해야 한다는 거예요. '굳이 그런 귀찮은 일을 해야 할까!'라고 생각할지 모르겠지만, 조미료의 기본인 소금이야말로 재료가 가진 특색을 최대로 살려주기 때문에 요리를 자연스럽고 간단하게 그리고 건강하게 완성할 수 있어요. 특히, 지중해 요리는 소금, 올리브 오일, 식초가 기본이므로 소금은 엄격하게 선택해서 사용하는 게 좋아요. 다양한 종류의 소금을 구비하면 그날의 기분에 따라 달리 쓸 수 있고, 같은 재료를 색다른 맛으로 즐길 수도 있어요.

똑똑한 소금 활용법

만일 소금이 굳었다면, 프라이팬에 가볍게 볶아주면 다시 보슬보슬해져요. 무엇보다 습기를 피해 보관하는 것이 가장 중요해요. 짠맛은 재료에 빠르게 침투하기 때문에 설탕을 넣고 나서 소금을 넣는 순서를 지켜주세요. 가는 소금은 보슬보슬하므로, 드레싱이나 나물 등의 마무리 양념으로 적합해요. 또, 높은 온도에서 구워 잘 굳지 않는 소금은 고기를 구울 때 뿌리거나 직접 찍어 먹으면 감칠맛이 강하게 느껴져서 풍미가 살아나지요. 왕소금은 채소의 밑간이나 육수, 국, 김치의 절임에 적합해요. 고기, 생선을 구울 때 소금을 뿌리면 표면을 굳혀 식재료의 맛 성분이 빠져나가지 않아요. 고기는 굽기 직전에, 생선은 30분 또는 1시간 전에 소금을 뿌려두면 수분과 비린내를 제거할 수 있어요. 생선이나 조개의 점액은 소금물로 씻어 제거하세요. 초록색 채소는 소금을 넣어 데치면 색이 선명하게 살아납니다. 소금의 양은 1L의 물에 1큰술이 기준입니다.

채소 Vegetable

식재료의 맛을 충분히 즐기기 위해서는 반드시 신선한 채소를 사용해야 해요. 또 재료 간의 궁합도 고려해야 해요. 여기에서는 평소에 즐겨먹는 양상추, 깻잎, 양파, 셀러리, 토마토 같은 재료의 설명은 생략하고, 지중해 연안 지역에서 주로 사용되는 식재료를 소개할게요.

파프리카

한국은 세계적인 파프리카 생산국이에요. 원래 고추의 재배품종인 파프리카를 재배하기 시작한 것은 헝가리로, 여전히 생산량이 가장 많지요. 영어로는 '스위트 페퍼Sweet pepper', 스페인어로는 '피멘톤 둘세Pimentón dulce'라고 불리는데, 피망이나 한국의 고추와 같은 가지과의 고추속 고추종이에요.

파프리카에는 비타민C와 카로틴이 풍부하게 함유되어 있어 피로 회복, 시력 유지, 피부 미용에 좋아요.

파프리카를 고를 때는 색이 짙고 균일하며 광택이 있는 것을 고르세요. 꼭지 부분이 신선한지, 갈색으로 변하지 않았는지, 바싹 말라 있지 않은지도 확인하세요. 손으로 들어보았을 때 무게감이 있고 손가락으로 감싸 쥐었을 때 탄력이 느껴지는 것이 맛있어요. 보관할 때는 마르지 않도록 비닐봉지나 팩에 넣어 냉장고 채소칸에 두세요.

파프리카의 향기와 단맛을 가장 잘 이끌어낼 수 있는 요리법은 파프리카의 표면을 노릇노릇하게 구워 껍질을 벗긴 다음 질 좋은 올리브 오일에 절여 먹는 거예요.

가지

가지는 인도가 원산지인 가지과의 한해살이 풀로, 한국이나 일본에서 볼 수 있는 보라색 가지보다도 흰색이 나 초록색 가지가 일반적이에요. 지중해 요리에 빠트릴 수 없는 식재료이지요. 가지에는 열을 내리는 효과가 있어 여름철 식재료로 안성맞춤이에요. 가지의 자줏빛은 나스닌Nasunine이라고 하는 폴리페놀의 일종인 안토시안계 색소예요. 강력한 항산화력으로 암이나 생활습관병의 원인이 되는 활성산소를 강력하게 억제하고 콜레스테롤의 흡수를 막아줍니다.

가지를 살 때는 표면이 탱탱하고 윤이 나는 것을 고르세요. 또 들어보았을 때 묵직한 것을 고르세요. 가벼운 것은 속이 숭숭 비어 있어 맛이 없어요.

가지는 따뜻한 시기에 수확하기 때문에 냉장고에 보관하면 저온장해를 일으키면서 딱딱해집니다. 보관할 때는 봉지에 넣어 서늘하고 어두운 곳에 두고, 되도록 빨리 먹는 편이 좋아요.

가지를 조리할 때는 가지의 떫은맛 때문에 칼로 자르면 단면이 거뭇거뭇하게 변하므로 담수나 소금물에 담가 떫은맛을 제거합니다. 기름과 궁합이 좋은 가지는 튀김과 볶음에 안성맞춤이지만, 기름을 지나치게 많이 쓰지 않도록 하세요. 조림을 할 때는 가지를 고온에서 한 차례 튀겼다가 요리하면 맛이 좋아질뿐더러 변색을 막을 수 있어요.

호박

호박은 박과 호박속 덩굴성 식물인 과채류의 총칭이에요. 전 세계적으로 널리 재배되며, 품종도 아주 다양하지요. 단호박은 대표적인 녹황색 채소로, 비타민B군을 대량 함유하고 있고 비타민C가 풍부하며, 카로틴은 시금치의 4배나 되지요. 칼륨, 비타민E가 많이 들어 있고 식이섬유가 풍부하여 변비 예방에도 좋아요. 이처럼 영양소가 풍부한 단호박은 찌거나 굽거나 조리거나 수프를 만드는 등 요리 방법도 각양각색이에요.

단호박을 고를 때는,

1 껍질 표면에 광택이 있는 것을 고르세요. 아랫부분의 색깔이 과육의 색과 거의 똑같은 것을 고릅니다.
2 꼭지가 두껍고 절단면이 잘 말라서 코르크처럼 되어 있는 것, 꼭지 주변이 움푹 파인 것이 좋아요.
3 찌그러진 호박은 수분 부족을 뜻하므로 좌우가 대칭을 이룬 동그란 것을 고릅니다.
4 들어보았을 때 묵직한 것, 손톱으로 눌러 들어가지 않을 정도로 껍질이 단단한 것을 고르세요.
5 잘라서 파는 것을 구입할 때는 과육이 짙은 오렌지색으로 살이 두텁고 씨앗이 잘 익어 통통한 것을 고릅니다. 씨앗이 납작하면 덜 익었을 때 수확한 것으로, 단맛과 바슬바슬한 식감이 부족해요.

주키니Zucchini

겉모양이 오이와 비슷한 주키니는 예부터 한국에서 먹어온 애호박과 같은 종류지만, 일반 호박과 달리 금사참외와 같은 여름 호박으로, 열매가 완전히 익기 전에 수확해요.
백합과에 속해 여름에 열매를 맺는 주키니는 이탈리아 요리나 프랑스 요리에 일반적으로 쓰여요. 특히 남부 프랑스 요리인 라타투유, 이탈리아 요리인 카포나타에는 반드시 들어가지요.
영국과 프랑스에서는 '코제트Courgette', 미국에서는 '여름 호박Summer squash'으로 불리는 주키니에는 칼륨과 비타민C, 베타카로틴, 비타민B군이 들어 있어 몸속에서 대사를 촉진시키고 안티에이징에도 효과가 좋아요. 스페인이나 이탈리아 등 지중해 연안 지역에서는 숙성시키지 않고 신선할 때 먹어요. 오븐에서 구운 다음 소금과 올리브 오일을 뿌려 먹거나 생으로 피클을 담기도 하며, 다른 채소와 함께 튀기거나 절여 먹어요.

양배추

한국의 시장에서 가장 흔히 볼 수 있는 종류는 여름에 씨를 뿌려 겨울에 수확하는 품종으로 '겨울 양배추'라고 해요. 오래 익혀도 쉽게 뭉크러지지 않아서 양배추롤 같은 찜 요리에도 쓰여요. 콜슬로로 먹거나 채를 썰어 돈가스에 곁들이면 달고 단단한 식감을 즐길 수 있어요.
일 년 내내 백화점이나 마트의 채소 코너에 진열되는 양배추에는 비타민C와 혈액 응고 촉진, 뼈의 형성에 도움을 주는 비타민K가 풍부해요. 그중에서도 자색 양배추는 비타민K 함유량이 일반 양배추의 1.5배나 됩니다. 위장이 약해졌을 때 효과가 좋은 비타민U와 디아스타아제Diastase도 풍부해서 육류 요리를 먹은 후 혹은 위장에 피로가 쌓였을 때 많이 먹으면 좋아요. 폴리페놀의 일종인 안토시아닌도 함유되어 있답니다.

그린 빈스

콩과 강낭콩속인 그린 빈스Green bean는 남미가 원산지예요. 모로코에는 초록색이 아닌 자주색이나 노란색도 있어요. 한국에서는 흔치 않은 여름 채소지만, 지중해 연안 지역에서는 평범한 식재료로, 그린 빈스를 살짝 데쳐 샐러드에 넣어 먹어요. 미리 삶아둔 것을 볶거나 파스타에 넣기도 하고, 스테이크나 생선 요리에 곁들이기도 해요.
그린 빈스를 삶을 때는 먼저 딱딱한 꼭지 부근을 손으로 잘라냅니다. 반대편 끝의 수염 부분은 그대로 둔 채 삶아도 돼요. 콩 고유의 맛을 내고 빛깔을 선명하게 하려면 삶을 물 분량의 2%에 해당하는 소금(물 1L당 소금 1큰술)을 넣어요. 삶는 시간은 요리에 따라 다른데, 샐러드로 먹을 때는 3분 정도가 적당해요. 끓어오르면 곧바로 찬물에 담가 색이 유지되도록 하고, 식으면 소쿠리에 건져 물기를 제거해주세요.
칼륨이 풍부해 부종에 효과가 좋고, 베타카로틴 함유량은 쌈채소인 레터스Lettuce보다 3배나 많아요.
초록색이 선명한 것, 알이 크지 않은 것을 고르세요. 낱알이 두껍고 큰 것은 지나치게 많이 자란 것으로, 심줄이 두꺼워서 딱딱해요. 또 갈색으로 변한 것도 피하세요. 그린 빈스는 그대로 두면 금방 숨이 죽으므로 봉지나 밀폐용기에 넣어 냉장고에 보관하세요.

아스파라거스

아스파라거스는 지중해 동부가 원산지인 백합과 식물로, 봄이 제철인 채소예요. 씨를 뿌린 후 2~3년 정도 지나야 수확할 수 있는데, 그 다음 10년간은 같은 줄기에서 차례로 싹이 돋아나요. 우리는 이 싹을 먹는 것이지요.
아스파라거스에는 그린 아스파라거스와 화이트 아스파라

거스가 있어요. 이 둘의 차이는 품종이 아닌 재배 방법이에요. 주변에서 흔히 볼 수 있는 그린 아스파라거스는 싹이 나면 그대로 햇볕에 노출시키는데, 엽록소가 풍부하게 생성되어 초록색이 돼요. 화이트 아스파라거스는 싹이 돋아나는 초봄에 흙으로 덮어 햇볕을 가린 채 길러요. 이른바 연백軟白 재배를 하여 식감이 부드럽고 단맛이 살짝 감돌며 풋내가 없지요. 하지만 영양 면에서는 그린 아스파라거스만 못해요.
아스파라거스를 구입할 때는 머리 부분이 벌어지지 않은 단단한 것을 고릅니다. 뿌리까지 탱탱하고 절단면이 신선한 것이 좋아요. 쪼그라들었거나 절단면이 갈색으로 변한 것은 피하세요. 아스파라거스는 잎채소와 마찬가지로 냉장고에 보관할 때는 마르지 않도록 봉지에 넣거나 랩으로 싸서 세워두세요.
아스파라거스에는 피로 회복에 효과가 좋아요. 머리 끝부분에는 혈관을 건강하게 하는 루틴이 들어 있고요.
지중해 요리에 필수인 아스파라거스는 샐러드, 볶음, 그라탱, 파스타 재료 등 다양한 요리에 이용됩니다. 단, 사용 전에 미리 삶아두어야 해요. 나이프나 대꼬챙이로 찔러 푹 들어갈 정도로 익으면 건져서 냉수에 담그세요. 한 뜸 식힌 후 곧바로 소쿠리에 건져 물기를 제거해주세요.

버터 레터스

'버터 레터스'는 일반적인 양상추와 마찬가지로 잎이 여러 겹으로 겹쳐 둥글게 속이 드는 헤드레터스에 속해요. 양상추가 아삭아삭한 식감으로 크리스프 헤드Crisp head형 레터스라고 불리는 것에 비해, 버터 레터스는 부드러운 식감으로 버터 헤드Butter head형 레터스라고 불립니다. 버터 맛이 나서 그런 이름이 붙은 게 아니에요.
버터 레터스에 홈메이드 세미드라이드 토마토를 곁들이면 유명 셰프의 이탤리언 레스토랑에서 먹는 농후한 맛의 샐러드로 대변신합니다. 버터 레터스 대신 로메인을 사용해도 좋아요.

루콜라Rucola

지중해 연안이 원산인 십자화과의 허브로, 영어권에서는 로켓Rocket, 또는 아루굴라Arugula 라고도 불러요. 이탈리아에서는 큰 다발로 묶어서 팔지요. 한국에서도 이탈리아 요리가 본격적으로 보급됨에 따라 루콜라의 인기가 점차 높아지고 있어요. 루콜라의 어린잎과 줄기에는 참깨 같은 풍미와 물냉이 같은 매운맛이 있어서 생으로 먹는 음식에도 잘 어울리고, 버무리거나 볶을 때도 쓰여요.

치커리Chicory

치커리는 유럽이 원산지인 국화과 채소예요. 쌉쌀한 맛이 강해서 일찌감치 바깥쪽 잎사귀로 안쪽을 감싸거나 모포로 덮어 속 부분이 햇빛이 닿지 않도록 해서 재배합니다.
치커리는 표면이 잘 마르는 한편, 수분이 지나치게 많으면 상하기 쉬워요. 따라서 젖은 신문지로 감싸 냉장 보관해야 해요. 칼로 자르면 절단면이 변색되므로 손으로 찢는 게 좋아요.
치커리의 칼륨은 나트륨을 배출하여 고혈압에 효과가 있고, 장시간 운동에 따른 근육 경련을 방지해요. 칼슘도 함유되어 있어 뼈를 튼튼하게 해요. 초록색 부분에는 베타카로틴이 풍부하므로 면역력 강화에 좋아요.
치커리의 흰 부분은 그냥 먹어도 맛있어서 대부분 샐러드로 이용돼요. 초록빛이 짙은 딱딱한 부분은 쓴맛이 매우 강하므로 끓는 물에 데쳐 다져서 수프에 넣어요.

로메인 레터스

로메인 레터스도 상추속에 속하는데 잎사귀가 둥글게 말리지 않고 똑바로 자랍니다. '로메인'이라는 단어는 '로마의'라는 뜻으로, 로마 시대에 자주 먹었던 채소 또는 그 시대부터 먹었던 채소라는 등 여러 가지 속설이 있어요. 원래는 에게해의 코스섬이 원산지로, '코스 레터스'라고도 해요. 베타카로틴이 풍부한 전형적인 녹황색 채소예요. 잎사귀는 아삭아삭해서 볶아 먹어도 좋아요.
로메인 같은 레터스류는 잎사귀가 싱싱하고 건강한 것을 골라야 해요. 레터스는 사용할 분량의 잎을 몇 분간 물에 담가두면 아삭아삭해지는데, 그 후에 뜯어 먹으면 영양분이 달아나지 않아요.
로메인 레터스라고 하면 시저 샐러드를 떠올릴 정도로 시저 샐러드에는 로메인 레터스가 필수예요. 시저 샐러드는 1924년에 미국에서 태어났어요. 이탈리아계 이주민 요리사 시저(체자레) 카르디니Caesar Cardini가 처음 만들었으며, 그의 이름 혹은 가게 이름에서 따서 그리 불린다고 해요.

새싹채소

새싹채소는 발아한 지 10~30일 이내의 '아기 채소 잎사귀'를 총칭하는 말이에요. 시중에는 여러 종류가 섞인 샐러드용 새싹채소가 유통되고 있는데, 특별히 정해진 종류는 없고 색깔이 좋은 새싹채소를 섞어서 써요.
미네랄을 충분히 섭취할 수 있다는 점에서 인기가 많아요. 새싹채소로 주로 쓰이는 채소는 시금치, 근대, 브로콜리, 루콜라, 치커리, 로메인 레터스, 마셰Mâche, 비트, 겨자잎 등입니다. 잎사귀가 붉은 비트나 근대는 색의 배합을 좋게 하므로 둘 중 하나를 포함하는 경우가 많아요.
새싹채소는 샐러드용으로 판매되지만, 어패류 마리네이드 등 냉채에 곁들여 장식하거나 토마토 소스 파스타나 피자에 생채소 그대로 토핑하기도 해요.

크레송Cresson

아브리나과 물냉이인 크레송은 유럽이 원산지인 수생식물이에요. 번식력이 매우 왕성하며 깨끗한 샘물 주변이나 시냇가에 모여 자라지요. 한국 시장에서 유통되는 크레송은 대부분 재배된 것입니다.
크레송은 3~5월이 제철인 봄 채소로, 상큼한 풍미에 무와 비슷한 매운맛이 나요. 크레송의 매운맛은 무에도 들어 있는 시니그린Sinigrin이라는 성분에서 비롯되는데, 이뇨작용을 비롯해 식욕 증진, 항균, 혈액 산화방지 작용을 해요.
일반적으로 육류 요리에 곁들이는 채소로 가지째 내는 크레송은 파슬리와 마찬가지로 장식으로 여겨 먹지 않고 남겨두는 사람들이 많아요. 이파리 부분을 뜯어 샐러드에 섞거나 살짝 데쳐 나물로 해먹으면 맛있어요.
크레송을 고를 때는 이파리가 짙은 초록색으로 줄기가 두껍고 곧게 뻗은 것을 선택하세요. 휘어진 것은 수확한 지 오래된 것이에요. 보관할 때는 젖은 키친타월 등으로 싸서 봉지에 넣어 세워서 채소칸에 둡니다.

근대Swiss chard

한국에서 이른 시기부터 재배되어온 근대는 초록색이지만, 원래는 빨강, 노랑, 분홍은 물론이고 노란색, 흰색 근대도 있어요. 미국이나 유럽에서는 샐러드 재료로 자주 사용하고, 어린잎은 새싹채소로 쓰입니다. 한겨울인 1, 2월을 제외하고는 언제나 재배와 수확이 가능해요.
근대에는 비타민E가 풍부하게 함유되어 있는데 강력한 항산화작용으로 활성산소를 억제해요. 체내 불포화지방산의 산화를 방지해 동맥경화나 심근경색 등 생활습관병 예방에도 효과가 좋지요. 칼슘이나 마그네슘, 철분, 칼륨 등이 풍부하여 고혈압 예방과 한여름 더위에도 좋습니다.
근대를 고를 때는 잎사귀 색이 짙고 선명하며 싱싱한 것을 고릅니다. 잎자루가 지나치게 자란 것은 딱딱한 경우가 많으니 잎이 어린 것을 고르세요. 보관할 때는 마르지 않도록 비닐봉지나 팩에 넣어 냉장고의 채소칸에 넣어둡니다. 근대가 숨 쉴 수 있도록 봉지 입구를 느슨하게 해주세요.
근대는 기름과 궁합이 좋은데, 카로틴 흡수를 촉진시키지요. 유럽에서는 잎자루가 흐물흐물할 정도로 삶아 올리브 오일을 듬뿍 뿌려 따뜻한 샐러드로 만들어 먹어요.

푸아로

프랑스어로는 '푸아로Poireaux', 영어로는 '리크Leek'라고 하는 이 채소는 한국에서는 일부 특수채소를 기르는 농가에서만 소량으로 생산하고 있으며, 호텔 등에서는 수입품을 씁니다.
일반적인 대파와 달리 줄기가 두껍고, 거의 편평하며 두터운 잎을 가지고 있어요. 특히 잎의 모양이 둥근 튜브형이 아닌 V자형으로, 초록색 부분을 보면 그 차이를 알 수 있어요. 맛과 향은 대파보다 부드러운데, 파를 좋아하지 않는 사람들도 채소로 먹을 수 있을 정도예요. 살짝 데치면 아삭아삭한 식감이 있고 단맛이 나는데, 수프로 만들거나 드레싱에 버무려 샐러드에 넣기만 해도 푸아로의 단맛을 즐길 수 있어요.
파는 피로 회복과 냉증 등에 효과가 좋아요. 다졌을 때 나오는 자극적인 냄새와 매운맛 성분은 '황화알릴'로, 강력한 항균·진정 효과가 있어요.

비트Beet

비트는 지중해 연안이 원산인 명아주과 근대속 뿌리채소예요. 설탕의 원료인 사탕무와 같은 종류로, 매우 달아요. 요리교실에서는 샐러드에 악센트를 줄 때 자주 사용하는데, 쪄낸 비트를 맛본 학생들은 "우와, 찐 옥수수 같아요!" 하며 놀라곤 하지요.

비트는 주로 뿌리 부분을 먹어요. 비트의 어린잎은 초록색에 붉은 줄기로, 색감이 좋아서 새싹채소로도 이용돼요. 다 자란 잎사귀는 아주 못 먹는 것은 아니지만 특유의 매운맛 때문에 잘 먹지 않습니다.

비트는 가볍게 손바닥에 올려놓을 수 있을 정도의 크기가 좋아요. 되도록 단단한 것, 잎이 붙어 있을 때에는 잎사귀 부분이 싱싱한 것을 고르세요. 보관할 때에는 팩에 넣어 냉장고에 두세요. 일주일 정도 보관할 수 있어요. 비트를 냉동보관할 때는 통째로 삶아 식힌 후 껍질을 벗기고, 적당한 크기로 잘라 랩을 깐 넓적한 접시에 펼쳐서 얼리면 돼요. 얼린 비트는 밀봉해 냉동고에 보관하면 돼요.

비트는 껍질을 벗기면 생으로 먹을 수 있기 때문에 얇게 썬 다음 예쁜 줄무늬를 살려 피클로 담거나 샐러드에 장식하기도 해요. 껍질째 삶으면 색이 달아나는 것을 막을 수 있어요. 비트는 그 자체에서 단맛이 나오므로 조리할 때 간을 보면서 조미료를 넣어야 해요.

비트를 미리 준비할 때는 껍질째 삶아요. 커다란 냄비에 물을 조금 붓고 식초를 살짝 넣은 후 비트를 넣고 불에 올립니다. 삶는 시간은 비트의 크기에 따라 다른데, 물이 끓기 시작하면 20~40분 후에 대꼬챙이로 찔러 빡빡하게 들어갈 정도가 되면 삶은 물에 담근 채 식히세요. 미지근해졌다 싶을 때 껍질을 벗깁니다. 껍질은 손으로도 잘 벗겨지지만, 키친타월로 하면 훨씬 수월해요.

손질한 비트는 소금과 후추로 양념하거나 올리브 오일만 뿌려도 맛있어요. 다른 뿌리채소와 함께 오븐에 구워 소금, 후추, 올리브 오일을 뿌려 먹기도 해요.

비트는 요리교실 겨울 샐러드의 단골 식재료예요. 메인 요리에 곁들여도 좋고, 비트의 선명한 빨간색을 이용해 수프로 만들어도 맛깔스럽지요. 잎사귀를 다지거나 뿌리를 깍둑썰기해서 넣기만 해도 빨간 수프를 만들 수 있으며, 포타주로 만들면 수프의 색이 굉장히 짙어집니다. 여기에 우유나 생크림을 충분히 넣어 섞어주면 분홍색 포타주가 완성돼요.

콜라비Kohlrabi

콜라비는 십자화과 양배추의 변종으로, 순무처럼 자란 비대한 줄기를 먹어요. 원산지는 지중해 북쪽 해안 지방으로, '콜라비'라는 말은 독일어 Kohl(양배추)와 rabi(순무)의 합성어로, '순무 양배추'라는 뜻이에요. 지중해 연안 태생인 만큼 온화한 기후를 좋아해서 한국에서는 주로 온난한 제주도에서 재배되고 있어요.

콜라비는 큰 것과 작은 것, 일반적인 초록색 외에 적자색이 있어요. 적자색은 껍질을 벗기면 초록색 콜라비와 마찬가지로 하얗습니다. 식감은 순무나 무와 비슷하고, 맛은 브로콜리나 양배추와 비슷해요. 비타민C가 풍부한 콜라비의 식감을 즐기고 싶다면 채칼로 아주 얇게 썰어 양배추, 오이와 함께 와인 비네거, 올리브 오일로 버무린 샐러드를 만들거나, 비트처럼 한입 크기로 썰어 오븐에 구워 먹으면 맛있어요. 볶음이나 조림에 넣어도 좋은데, 껍질이 단단해서 익혀도 질기므로 껍질을 두껍게 벗겨낸 후 조리하면 돼요.

콜라비의 크기는 품종에 따라 기준이 조금씩 다르지만, 직경 6~10cm 정도가 적당해요. 둥글고 뚱뚱해진 부분의 표면이 탱탱하고 싱싱한 것, 뿌리에서 자란 줄기와 잎사귀가 싱싱한 것을 고르세요. 들어보았을 때 묵직한 것이 좋아요. 보관할 때는 잎사귀 채소와 마찬가지로 마르지 않도록 젖은 신문지에 싸서 냉장고에 둡니다. 겨울에는 난방하지 않은 방에 두어도 괜찮아요.

에샬럿Échalote

프랑스 요리에 없어서는 안 될 식재료인 에샬럿은 푸아로처럼 일부 농가에서 재배하기 때문에 한국에서는 구하기가 쉽지 않아요. 대개 수입으로 연중 유통되고, 에샬럿의 제철은 양파와 같습니다.

에샬럿의 모양은 백합과 양파의 변종으로 작은 양파같이 생겼는데, 냄새가 자극적이지 않고 맛은 양파처럼 달지도 않아서 향미 채소로 쓰여요. 양파와 마찬가지로 구근을 먹고 건조한 얇은 껍질에 싸여 있으며, 껍질 안쪽의 표면은 옅은 보라색입니다. 하얀 속은 붉은 양파와 매우 비슷해요.
양파는 에샬럿을 포함해 매운맛이 나는 양파와 단맛이 나는 양파로 크게 나눌 수 있어요. 흔히 썰면 눈물이 나는 것이 매운맛이 나는 양파예요. 황양파류, 백양파류, 붉은 양파류, 소양파류 그리고 유럽산인 에샬럿 등이 있지요. 특히 황양파는 뭉근히 가열하면 매운맛이 단맛으로 변하므로 조림 요리에 적절해요.
양파의 매운 맛과 향, 눈물을 유발하는 성분은 황화알릴로, 휘발성이 매우 강해 가열하면 다른 물질로 변해요. 물에 잘 녹아 눈물을 흘리게 만들지만, 육류나 어류의 잡내를 확실하게 잡아준답니다. 또한 소화액 분비를 촉진시키고 신진대사를 활성화하며, 피를 맑게 하므로 고혈압, 당뇨병 등에도 탁월한 효과가 있어요.
양파는 종류에 따라 고유의 맛이 다르므로 경우에 따라 적절히 선택해 요리해보세요.

아티초크Artichoke, 흰꽃엉겅퀴

서양에는 아티초크가 두 종류 있어요. 꽃꽂이와 지중해 요리에 쓰이는 '글로브 아티초크Globe artichoke'와 감자처럼 생긴 '이스라엘 아티초크'가 그것이지요. 아티초크는 봉오리를 레몬과 함께 삶거나 쪄서 먹어요. 바깥쪽 꽃잎부터 뜯어서 손질하면 되는데, 꽃잎의 색깔이 하얀 부분은 부드러워서 먹을 수 있어요.
칼륨과 미네랄이 풍부한 아티초크를 고를 때는 부드럽게 부풀고 둥그스름한 것, 들어보았을 때 묵직한 것을 고르세요. 꽃받침이 확실히 오므라져 있는지, 전체적으로 초록색이 선명하며 줄기의 절단면이 신선한지도 확인하세요.
보관할 때는 마르지 않도록 비닐봉지나 팩에 넣어 냉장고 채소칸에 넣어둡니다. 장기간 보관해야 할 경우에는 아티초크의 꽃받침을 벗겨내고 먹을 수 있는 부분만 남겨 와인 비네거와 화이트 와인, 약간의 소금과 함께 냄비에 넣어 뚜껑을 덮고 찝니다. 어느 정도 익으면 아티초크를 꺼내 소쿠리에 밭쳐 물기를 뺀 후, 월계수 같은 허브와 함께 병에 넣어 올리브 오일을 채운 후 뚜껑을 덮어 뜨거운 물에 펄펄 끓이면 피클처럼 먹을 수 있어요.
아티초크는 미리 삶아둔 것을 튀기거나 딥소스로 만드는 등 지중해 요리에서는 빠뜨릴 수 없는 식재료 중 하나예요. 유감스럽게도 한국에서는 손쉽게 구할 수 없어서 여기에서는 아티초크 레시피는 다루지 않았어요.

펜넬Fennel, 회향

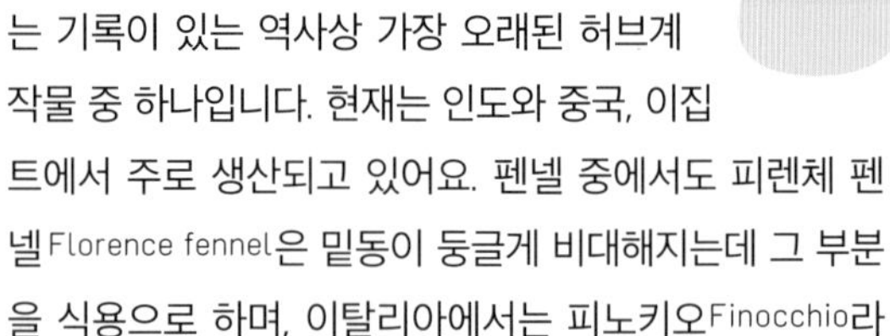

펜넬은 미나리과로 지중해 연안이 원산지이며, 고대 이집트와 고대 로마에서 재배됐다는 기록이 있는 역사상 가장 오래된 허브계 작물 중 하나입니다. 현재는 인도와 중국, 이집트에서 주로 생산되고 있어요. 펜넬 중에서도 피렌체 펜넬Florence fennel은 밑동이 둥글게 비대해지는데 그 부분을 식용으로 하며, 이탈리아에서는 피노키오Finocchio라고 불리는 친숙한 채소예요.
펜넬 향의 주성분은 아네톨Anethole로, 기침을 멎게 하는 효과가 있어요. 예로부터 유럽에서는 모유를 잘 나오게 하고 간 기능 장애를 개선하는 효능이 있다고 하여 허브차로도 마셨어요. 밑동 부분에도 같은 성분이 다량 포함되어 있고, 소화를 촉진하므로 이탈리아에서는 과식을 하면 "피노키오를 갉아 먹어라"라고 한대요. 펜넬의 밑동 부분은 생으로도 먹어요. 셀러리와 비슷한 특유의 향이 강해서 싫어하는 사람도 있지만 익히면 향이 부드러워져요. 조리할 때에는 섬유결과 직각이 되게끔 썰면 먹기 편해요.
지중해 요리에는 펜넬의 밑동을 올리브 오일을 뿌려서 익히거나 오븐에 구워서 혹은 샐러드로 먹어요. 줄기와 잎은 국에 넣어 먹거나 잡내를 제거하는 효과가 있어서 닭고기와 생선 요리의 향신용 채소로도 쓰입니다. 아니스Anise(미나리과 한해살이풀)의 향기가 나서 술에 향을 더할 때도 쓰여요.

오크라

아티초크, 펜넬과 마찬가지로 한국에서는 손쉽게 구할 수 없는 채소 중 하나예요. 오크라의 고향은 아프리카로, 온대에서 열대까지만 재배할 수 있는 데다가 서리가 조금만 내려도 시들어버려 한해살이풀로 재배되고 있어요. 인도와 파키스탄의 카레, 미국의 남부지방의 케이준Cajun 요리, 지중해 연안 아프리카의 모로코와 튀니지에서 샐러드와 조림 요리에 널리 사용되고 있어요.

오크라는 손마디 크기로 자르면 끈적끈적한 점액질이 나오는데, 이는 식이섬유로 콜레스테롤을 억제해요. 또한 비타민A, 미네랄, 칼슘 등이 풍부하게 들어 있어 여름에 더위 퇴치에 효과가 있어요.
얼핏 풋고추처럼 생긴 오크라는 굽거나 살짝 데쳐서 혹은 생으로 먹는 등 취향에 따라 조리해서 먹을 수 있어요.
오크라를 고를 때는 가능한 짙고 선명한 초록색의 것을 고르세요. 또한 솜털이 확실히 남아 있는 게 좋아요. 반대로 꼭지의 단면이 변색됐거나 부분적으로 갈변된 것은 오래된 것일 수 있습니다.
오크라는 따뜻한 장소에서 재배되는 채소이므로 5℃ 이하에 보관하면 상하기 때문에 냉장고에 넣지 마세요. 신문지에 싸서 어둡고 서늘한 장소에 보관하세요.
지중해 나라들 중에서도 중동이나 그리스 요리에 자주 쓰이며, 주로 마늘과 양파, 토마토와 함께 샐러드로 만들어 먹어요. 한국에서는 기후 탓인지 생소한 탓인지 생오크라를 본 적이 없어요. 오크라를 구입하려면 외국 식자재를 취급하는 가게 혹은 가락시장의 특수채소를 파는 곳에서 냉동 오크라를 주문해야 해요.

엔다이브Endive

엔다이브는 유럽이 원산지로, 원래 쓴맛이 강한 식물이에요. 하지만 햇볕을 피해 하얗게 기르면 맛있게 먹을 수 있답니다. 가장 자주 먹는 부위는 싹 부분이에요. 시큼한 샐러드나 절인 어패류를 넣은 전채 요리, 따끈한 채소 요리에 모두 어울려요. 오븐에 구워 올리브 오일을 뿌리면 쓴맛과 단맛을 동시에 느낄 수 있어요.
엔다이브의 친척뻘인 채소로는 샐러드 치커리라고 하는 리프 치커리와 붉은빛을 띠는 이탈리아의 라디키오Radicchio가 있어요.
엔다이브는 잎사귀 끝이 부드럽고 하얀 것을 고르세요. 갈색으로 변색된 부분이 있으면 오래된 거예요. 만져봤을 때 여문 느낌이 들고 약간 묵직한 것이 좋아요. 아래쪽의 꼭지 절단면이 갈색으로 변색되지 않고 신선한지도 확인하세요. 보관할 때는 잘 마르고 시들기 쉬우므로 랩으로 잘 싸서 냉장고에 두세요.

래디시Radish

래디시는 무의 아릿한 매운맛과 총각무의 단맛이 동시에 나요. 둥그스름한 모양 때문에 순무처럼 보이지만 실은 서양무의 일종이지요. 래디시 중에는 붉고 둥근 것뿐 아니라 가늘고 긴 것, 미니 스타일의 하얀 무같이 생긴 것도 있어요.
래디시는 무와 마찬가지로 디아스타아제라고 하는 녹말 분해효소가 다량 함유되어 있어요. 전분에 무즙을 섞으면 분해되어 당으로 변하는데, 이는 소화를 돕고 위산과다, 식체, 속쓰림 등에 효과가 있습니다. 비타민C와 E, 칼륨, 칼슘, 베타카로틴도 많이 들어 있어요.
래디시를 고를 때는 잎사귀가 싱싱하고 둥근 뿌리 부분이 선명한 것이 좋아요. 래디시로 여러 가지 모양을 내고 싶다면 뿌리 모양이 예쁜 것을 고르세요.
보관할 때는 물에 적신 키친타월에 싸서 지퍼백이나 밀봉용기에 넣어 냉장고에 둡니다. 잎 부분과 뿌리 부분을 따로 보관하세요.
최근에는 한국에서도 빨간 래디시를 볼 수 있는데, 주로 피클이나 샐러드에 넣어 먹어요. 우리가 배추나 오이를 된장에 찍어 먹듯이 프랑스에서는 래디시를 소금이나 버터에 찍어 먹습니다. 지중해의 여러 나라에서도 단맛을 즐기기 위해 요구르트 소스나 홈메이드 마요네즈에 버무려 먹곤 해요.

과일 Fruit

대추야자, 무화과, 오렌지, 멜론, 수박, 복숭아 등이 지중해의 대표적인 과일이에요. 기원전 6000년대부터 이미 재배가 시작됐다고 하는 대추야자는 코란과 성서에도 등장합니다. 영어로는 '데이트Date'라고 하는데, 예부터 동지중해 지역에서는 매우 중요하게 여겼어요. 특히 사막에서도 잘 자라 유목생활을 하는 아랍인들이 주식으로 삼기도 했어요.

무화과는 한국에서도 여름이 끝나갈 무렵이면 시장이나 마트에 나오기 시작합니다. 대부분 지중해 지역에서 수확되며, 요리에도 폭넓게 사용되는 식재료이지요.

스페인, 이탈리아, 프랑스의 지중해 지역의 멜론은 크기나 형태, 색깔이 다양해요. 멜론이 출시되면 수박, 복숭아와 함께 올리브 오일로 버무려 과일 샐러드를 만들어 먹습니다. 한국에서는 7월이 되면 복숭아가 사람들의 입을 즐겁게 하는데, 스페인, 프랑스, 이탈리아에서도 여름이 되면 분홍빛 복숭아뿐 아니라 천도, 황도, 백도가 인기예요.

오렌지는 1월경 수확되는 스페인의 달고 과즙이 많은 발렌시아 오렌지와 시큼한 세빌 오렌지가 유명해요. 지중해 연안 지역에서 수확되는 오렌지는 요리에 향을 더하거나 소스의 재료로 쓰여요.

유제품 Dairy

치즈

지중해 지역의 치즈는 종류가 다양한데, 산양젖, 양젖, 물소젖(이탈리아 모차렐라의 원료)을 전혀 혹은 거의 숙성시키지 않은 채 식용으로 쓰는 프레시 치즈와 숙성 치즈가 있어요. 그 중에서 프레시 치즈는 커드(응유, 우유에 산酸 또는 레닌이나 펩신 따위를 넣었을 때 생기는 응고물)를 그냥 잘라 놓은 것, 크림을 첨가한 것, 훼이를 끓인 것, 소금물에 담가 발효를 중지시킨 채 보존한 것, 견과류나 과일을 섞은 것 등이 있어요.

지중해 연안 지역에서 치즈는 술안주나 디저트보다 요리 재료로 더 많이 쓰여요. 이탈리아의 생모차렐라, 파르미지아노 레지아노, 페코리노 로마노Pecorino romano, 리코타, 그리스의 페타, 동지중해 연안국의 대표 치즈인 할루미Halloumi 등은 샐러드 재료로 쓰인 답니다.

요구르트

지중해 요리에 쓰이는 요구르트는 그리스 요구르트를 말합니다. 그리스 요구르트는 일반 요구르트와 달리 크림치즈가 섞인 것처럼 빡빡한데, 이는 요구르트의 수분을 제거하는 제조법 때문입니다. 제조 과정에서 수분과 함께 유청도 제거해 크리미한 식감과 농후한 풍미를 즐길 수 있지요. 수세기 전부터 만들어지기 시작해서 그리스를 비롯한 튀르키예, 중동과 근동 지역에서 애용되고 있어요.

유청을 제거한 그리스 요구르트는 지방분이 적어서 소화가 잘돼요. 유산균이 우유의 유당 락토오스을 분해하기 때문에 우유를 마시기만 하면 설사를 하는 유당불내증인 사람들도 소화불량 없이 우유의 영양분을 흡수할 수 있지요. 단백질도 풍부하여 면역력 유지, 비만과 부종 방지에 효과가 있어요. 샐러드 드레싱이나 딥소스의 재료로 이용되며 수프의 조미료로 사용되기도 해요.

콩류 Beans

지중해 국가들은 봄을 알리는 잠두horse bean나 청완두green peas를 살짝 삶아 샐러드나 스튜에 넣어 먹습니다. 강낭콩은 한국에서는 쌀과 함께 밥으로 지어 먹지만, 흰색 계통의 강낭콩은 스페인의 냄비 요리나 프랑스의 찜 요리에 사용되지요. 병아리콩과 렌즈콩은 지중해 요리에 흔히 사용돼요.

병아리콩Chickpea

병아리콩은 콩알의 배꼽 근처에 새의 부리같이 생긴 돌기가 있어서 마치 병아리같이 보여요. 중국에서도 병아리를 뜻하는 계아콩鷄兒豆으로 불리는데, 아무래도 병아리와 닮은 콩의 모습에서 이름이 생겨나지 않았을까요?

병아리콩은 콩알 크기가 10~13mm 정도로 껍질이 살구빛인 대립종Kaburi과 7~10mm 정도로 짙은 갈색을 띠는 소립종Desi이 있어요. 원산지는 히말라야 서부를 포함한 서남 아시아 지역으로 추정됩니다.

지중해 요리에 샐러드 재료로 자주 쓰여요. 말랑말랑한 식감이 샐러드 채소와 잘 어울린답니다.

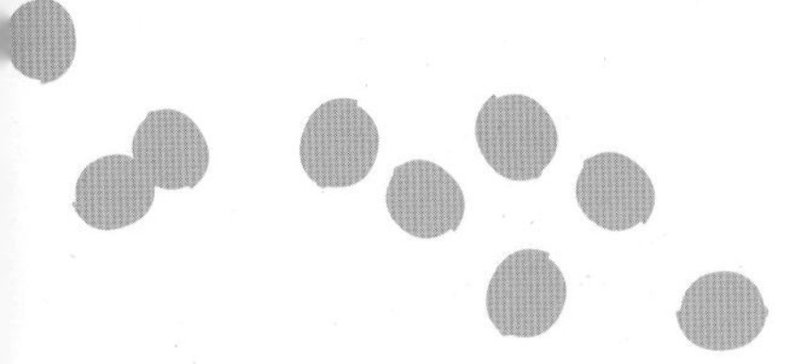

렌즈콩 Lentil

렌즈콩은 직경 4~8mm, 넓이 2~3mm로 형태가 편평하고 볼록렌즈같이 생겼어요. 콩의 껍질은 갈색, 연갈색 외에도 암갈색, 흑갈색 등이 있으며, 껍질을 벗기면 노란색, 붉은 주황색의 알맹이가 나옵니다.

기원은 메소포타미아 지역이며 점차 서방의 이집트, 그리스, 로마로 퍼져나갔다고 해요. 성서에 처음 등장한 콩으로, 구약성서에 장자의 권리와 렌즈콩 죽을 교환하는 이야기가 실려 있어요. 후세에 발명된 '렌즈'를 명명할 때 생김새가 볼록렌즈를 닮은 '렌즈콩'에서 이름을 빌렸다고 해요. 세계적으로 렌즈콩의 생산량은 300만 톤 정도로, 주요 생산국은 인도, 튀르키예, 캐나다 순입니다.

형태가 편평해서 단시간에 익으므로 물에 불리거나 미리 삶아둘 필요가 없어요. 껍질째 파는 것도 껍질을 벗겨 가공한 것 말고도 널리 유통되고 있어요. 카레, 수프, 샐러드, 사이드 디시 등에 이용됩니다.

어패류 Fishes and Shells

지중해 요리의 식재료로 육류보다 어패류가 더 인기가 있어요. 시칠리아의 참치나 지중해의 농어, 노랑촉수, 광어, 도미 등의 어류, 오징어, 문어, 홍합·바지락 같은 조개류, 게, 새우 등 한국의 생선가게에서도 흔히 볼 수 있는 재료로 파에야나 부야베스 등의 요리를 만들어 먹지요. 이탈리아에서는 샐러드 재료로 어패류를 자주 사용해요.

육류 Meat

고기 요리의 사이드 디시나 전채 요리의 샐러드가 아닌, 육류를 주재료로 한 샐러드는 그 자체로 포만감이 드는 호화로운 음식입니다. 다만 지중해 스타일의 샐러드는 기본적으로 비네거, 레몬즙, 올리브 오일, 소금, 후추를 베이스로 한 드레싱을 뿌리므로, 강하게 양념한 드레싱이 어울리는 육류 샐러드는 그다지 인기가 없어요. 다만, 스페인의 하몽이나 이탈리아의 프로슈토 햄은 지중해 스타일의 육류 샐러드에 자주 등장합니다.

하몽 Jamón

하몽은 소금에 절인 돼지고기를 장기간 매달아 저온건조한 햄이에요. 돼지 사육에 손이 많이 가고 출하될 때까지 숙성기간이 길어 꽤 비싼 식재료입니다. 또한 도토리만 먹인 돼지, 도토리와 사료를 먹인 돼지, 도토리를 전혀 먹이지 않은 돼지로 등급을 엄격하게 나누지요.
이베리아 반도 원산의 흑돼지인 이베리코 돼지로 만드는 것을 '하몽 이베리코'라고 하고, 이베리코 돼지 중에서도 도토리 열매를 먹여 기른 것의 뒷다리를 2~4년간 매달아 숙성시킨 햄은 '하몽 이베리코 데 베요타'라고 해요.
반면, 일반 돼지의 뒷다리로 만든 것은 '하몽 세라노'라고 하며 여러 곳에서 생산하기 때문에 가격이 저렴해요. 최근에는 한국에서도 백화점이나 마트 등에서 하몽 이베리코와 하몽 세라노 슬라이스를 100g에 1만 원 내외로 구입할 수 있어요.

프로슈토 Prosciutto

훈제하지 않은 이탈리아식 생햄을 뜻해요. 가열하지 않은 것을 프로슈토 크루도Prosciutto crudo, 가열한 것은 프로슈토 코토Prosciutto cotto로 구분합니다. 돼지 다리살을 소금에 절인 후 건조한 곳에 매달아 숙성시키는데, 집에서 만들 때는 난로 근처에 매달아 훈제하기도 합니다. 보통 익히지 않고 얇게 썰어 그대로 먹거나 다른 식재료와 함께 먹어요. 무화과, 멜론과 함께 샐러드의 재료로 쓰여요.

곡류 Cereal

지중해 연안에서는 식사 때 밀가루로 만든 빵을 곁들여 먹어요. 또한 메인 요리의 사이드 디시나 전채 요리에 쓰이거나 이탈리아의 리소토, 스페인의 파에야, 튀르키예를 비롯한 동지중해 지역의 필라프처럼 곡류가 메인이 되는 경우도 많습니다. 우리처럼 쌀도 먹는데 주식은 아니더라도 쌀 샐러드, 쌀을 삶아 라구Ragù 소스와 함께 둥글게 뭉치는 아란치니Arancini, 우유로 달게 끓이는 디저트처럼 식재료의 하나로 폭넓게 이용되고 있어요.

곡류 식품 중에는 밀을 쪄서 말린 후 거칠게 빻은 벌구르밀Bulgur wheat이 있는데, 식이섬유, 비타민B, E 등이 풍부해요. 지중해식 식사법의 오랜 전통이 남아 있는 그리스에서는 벌구르밀을 일상식으로 먹어요. 튀르키예의 필라프도 쌀 대신 벌구르밀을 쓴답니다.

지중해 연안의 북아프리카에서 시작되어 중동, 프랑스, 이탈리아 등지로 퍼져나가 지금은 세계 각지에서 폭넓게 사랑받고 있는 쿠스쿠스는 경질밀의 일종인 듀럼가루 세몰리나Semolina(거칠게 빻은 밀가루)를 물과 함께 찐 후 약 1mm 크기로 뭉쳐 만든 거예요. 이 알갱이를 주식으로 하여 고기나 수프류와 함께 먹는 요리도 쿠스쿠스라고 하지요. 미국에서는 파스타의 일종으로 인식되고 있는데, 일본을 포함한 많은 나라에서는 곡류와 같이 취급하는 경우가 많아요. 쿠스쿠스와 벌구르밀은 이미 찐 상태로 시중에서 구입할 수 있어요. 뜨거운 물을 붓고 5~10분만 기다리면 다양하게 조리하여 먹을 수 있답니다.

견과류 Nut

스페인과 이탈리아를 비롯해 아랍 문화의 영향을 강하게 받은 지중해 연안국들은 아몬드를 분말로 만들어 수프나 과자를 만들 때 이용해요. 지중해 지역의 시장에 가면 겉껍질이 초록색인 신선한 아몬드가 산처럼 쌓여 팔리고 있습니다. 중동 지역이 원산인 초록색과 보라색의 조화가 산뜻한 피스타치오도 지중해 요리에서 약방의 감초 같은 식재료예요.

호두는 한국에서도 친숙한 식재료로, 지중해 지역에서는 잘게 썰어 샐러드에 뿌리거나 과자의 재료로 이용합니다. 프랑스에서는 샐러드 드레싱에 호두 오일을 사용해요. 잣은 이탈리아 요리를 비롯하여 스페인, 프랑스 요리에도 자주 등장하는 바질 페이스트에 반드시 들어갑니다. 스페인에서는 닭고기 요리나 오징어 조림 요리 등에 쓰여요.

지중해 연안 지역에서는 샐러드의 포인트로 견과류를 듬뿍 넣어요. 드레싱의 산미를 부드럽게 완화시키고 생채소, 콩, 곡류와 함께 섞으면 풍미를 한층 높일 수 있어요.

허브류 Herbs

거의 모든 허브의 원산지는 지중해 연안국들로, 지중해 요리에 반드시 들어가지요. 크리스트교 이전의 유럽 종교와도 연관이 깊어 허브에 얽힌 설화도 많습니다.

허브는 아로마 오일과 허브티에 쓰일 뿐 아니라, 채소로 먹기도 하고 향, 색채, 매운맛을 첨가하는 재료로도 쓰이며 고추냉이나 생강처럼 향신료로도 쓰이는 등 용도가 매우 다양해요. 최근에는 한국에서도 허브를 키우는 사람이 늘고 있고, 루콜라와 바질, 로즈메리 등은 이미 익숙하지요.

같은 레시피에 프레시 허브의 사용량은 드라이 허브의 3배, 수분이 빠져나가 부피가 줄어든 드라이 허브는 프레시 허브의 1/3 정도면 충분해요. 말려도 부피의 변화가 없는 로즈메리나 타임은 거의 같은 분량 또는 조금만 더 사용하세요.

바질Basil

바질은 아시아가 원산이지만, 지금은 유럽과 북아프리카 등 세계 각지에서 재배됩니다. 봄에 씨를 뿌리면 여름에 꽃을 피우고, 늦가을 서리가 내릴 무렵에 시들지요. 바질이라는 이름은 그리스어로 왕을 가리키는 바실레우스Basileus라는 단어에서 유래됐어요. 크리스트교에서는 예수가 부활한 후 그가 묻혔던 묘지 주변에 바질이 피었다고 하여 그리스 정교회에서는 제단 아래에 바질을 넣은 항아리를 둔답니다.

바질에는 베타카로틴이 다량 함유되어 있어 면역력 강화와 안티에이징에 효과적이에요. 노화 방지에 탁월한 비타민E을 비롯해 칼슘, 철분, 마그네슘도 함유하고 있어 바질을 잘만 활용하면 건강보조식품으로 비타민을 복용하는 것보다 훨씬 몸에 좋아요. 바질의 향에는 진정성분이 있어 몸을 이완시키고, 살균 및 항균 작용도 있어 감기, 기관지염, 해열, 구내염 등의 세균성 질환 예방에도 효과적입니다.

바질은 생모차렐라, 토마토 슬라이스, 바질을 넣은 '카프레제'라는 카프리섬의 샐러드를 비롯한 이탈리아 요리에 많이 쓰여요. 바질 페이스트, 버터에 즙을 짜 넣어 바질 버터를 만들거나 올리브 오일에 무쳐 먹거나 샐러드, 마르게리타 피자에 넣어 모양을 내기도 하고, 빵을 구울 때 넣기도 합니다.

바질은 향이 강해 샐러드의 주재료보다는 토마토나 가지, 파프리카, 주키니, 쓴맛이 나는 샐러드 채소에 두루 사용되지요. 한국에서 흔히 구할 수 있는 종류는 스위트 바질입니다.

차이브Chives

차이브는 북반구를 원산으로 하는 백합과 허브로 시블레트Ciboulette라고도 불려요. 한국의 쪽파처럼 잎 끝에서 뿌리 부분까지 초록색이며, 향이 파보다 부드럽고 산뜻하므로 수프에 곁들이거나 드레싱 또는 식재료의 맛을 중시하는 일식의 고명으로 쓰입니다. 초여름에 피는 분홍빛 차이브 꽃은 식용으로 쓰여요.

코리앤더Coriander, 고수

지중해 지방이 원산인 미나리과 허브예요. 3000년 넘도록 약용과 식용으로 재배되어왔지요. 고대 인도의 산스크리트어 서적, 고대 이집트의 파피루스, 천일야화, 성서 등에도 등장해요. 태국에서는 팍치Phak-chii, 대만과 중국에서는 샹차이香菜라고 해요. 코리앤더는 향이 강하여 거부하는 사람들이 있지만, 일단 빠져들면 자꾸만 먹게 돼요.

코리앤더는 잎과 열매의 향이 달라요. 열매는 향신료로 쓰이는데, 카레 가루에 들어가는 성분 중 하나예요. 새싹채소는 중국, 태국, 베트남의 에스닉 요리에 필수적인 허브이며, 뿌리는 마늘과 함께 찧어 조미료로 사용해요. 씨앗은 쓰임새가 다양해서 스튜, 카레, 피클, 절임, 과자, 과실

주까지 폭넓게 이용됩니다.
코리앤더는 소화기 계통의 여러 질환에 효과가 있어요. 그 중에서 씨앗은 식욕을 증진시키고 담을 없애며, 간 것을 벌꿀과 섞어 먹으면 기침을 멎게 합니다.

딜Dill

지중해 연안이 원산지인 미나리과 허브로, 잎사귀에서 상쾌하고 좋은 냄새가 납니다. 생선과 잘 어울려서 '생선의 허브'라고 하고, 연어 요리에 자주 쓰이지요. 다져서 드레싱이나 마요네즈, 수프 등에 넣기도 합니다. 딜의 씨앗은 좋은 향기와 더불어 가벼운 매운맛이 나서 피클이나 샐러드, 과자를 만들 때 사용하면 좋아요.

민트Mint

페퍼민트, 스피어민트, 애플민트 등 종류가 다양한 민트는 허브 중에서 가장 많이 쓰입니다. 민트의 속명인 멘타Menta는 그리스 신화에 등장하는 멘티라는 요정에서 유래됐어요. 멘티는 명계의 왕 하데스의 총애를 받지만 하데스의 아내 페르세포네의 질투를 사는 바람에 짓밟혀 풀이 되고 말았어요. 그 풀이 바로 민트예요. 멘티는 풀이 되어서도 그 아름다움을 드러내듯 향기를 뿜어냈다고 해요.
한국에서는 민트 차, 아로마 오일, 모히토 등에 사용되고, 그리스 요리인 차지키Tzatziki에는 필수예요. 스페인과 이탈리아의 샐러드에도 자주 사용돼요.

파슬리Parsley

지중해 요리에는 '이탤지언 파슬리'가 자주 쓰이는데, 이탈리아에서 주로 사용되는 종류예요. 편평한 잎사귀는 셀러리를 닮아 흡사 미니 셀러리 같지요. 일반적으로 알려진 파슬리보다 쓴맛이 덜하고 향기가 나며, 비타민A, B, C, 칼슘, 철분이 다량 함유되어 있습니다. 이탈리아 요리에서는 이탤리언 파슬리를 다져서 갖가지 요리에 넣거나 소스 및 드레싱에 섞어 풍미를 돋아요.

로즈메리Rosemary

지중해 연안이 원산지인 꿀풀과 상록관목으로, 잎이 솔잎처럼 가늘고 길어요. 강한 삼림향과 상쾌하고 쌉쌀한 맛이 납니다. 로즈메리는 잡내를 제거하는 데 매우 효과적이어서 양고기 요리에는 반드시 들어가지요. 감자를 삶을 때, 소스나 드레싱을 만들 때도 쓰이는 데, 향이 강하므로 많이 넣지 않도록 주의하세요.

타라곤Tarragon

이베리아반도가 원산인 국화과 허브로 쑥의 친척이에요. 에스트라곤Estragon이라고도 하며, 프랑스 요리에 자주 쓰이지요. 타라곤은 희미한 쓴맛과 달콤한 향이 나는데, 닭고기 요리나 달걀 요리, 소스, 드레싱, 피클의 풍미를 돋우기 위해 쓰입니다. 와인 비네거에 담근 타라곤 비네거(드레싱이나 닭고기 요리용)가 잘 알려져 있어요.

타임Thyme

남유럽이 원산인 꿀풀과 허브예요. 신선한 잔가지에서는 특유의 강한 향기가 나는데, 말리면 향이 부드러워져서 육류나 어류, 채소 등 거의 모든 식재료와 잘 어울리지요. 타임은 장시간 끓여도 향이 쉽게 사라지지 않아 부케 가르니Bouquet garni에 반드시 들어가는 허브입니다. 타임도 향이 강하므로 지나치게 많이 넣지 않도록 해요.

오레가노Oregano

오레가노(속명 Origanum)의 이름은 그리스어의 'Orus(산)'과 'Ganus(기쁨)'이 합쳐진 '산의 기쁨'이라는 단어에서 유래됐어요. 그리스 로마 신화에 등장하는 사랑의 여신 비너스가 아꼈던 허브이기도 하지요. 그리스에서는 결혼식 때 행복의 상징으로 이 허브를 엮어 신랑신부의 화관으로 만든다고 해요. 그리스 로마 시대에는 커민, 아니스와 함께 요리뿐 아니라 뱀이나 독거미에게 물린 상처 및 소화불량 치료약으로도 쓰였어요.
달콤한 향과 쌉쌀하고 야생적인 꽃향기는 피자나 파스타 같은 이탈리아 요리에 약방의 감초처럼 쓰이기에 좋아요. 올리브 오일과 마찬가지로 토마토, 치즈, 갑각류를 식재료로 한 요리에 향을 더할 때 사용합니다.

향신료 Spice

후추Pepper

인도가 원산인 후추는 세계 3대 향신료 중 하나로, '같은 요리에 3번 쓴다'고 할 정도로 사용 빈도가 높아서 '향신료의 왕자'로 불립니다. 중세 베네치아 사람들은 이 향신료를 가리켜 '천국의 씨앗'이라고 했지요.

일반적으로 알려진 후추의 종류로는 검은 후추(블랙페퍼), 흰 후추(화이트페퍼), 그린페퍼, 핑크페퍼, 장후추(롱페퍼) 등이 있어요.

사용할 때는 전부 갈아서 또는 알맹이째로 쓰거나 그때그때 분쇄기(페퍼밀)로 갈아 쓰는 것이 일반적입니다. 후추는 향이 날아가기 쉬우므로 사용할 때마다 갈아서 쓰는 편이 좋아요.

파프리카 파우더

파프리카 파우더는 수백 종의 고추의 변종 중에서 매운맛이 전혀 없거나 미미한 종자만을 골라 말려서 분쇄한 거예요. 스페인 요리에 빈번하게 사용되며, 토마토 조림 요리나 로메스코 소스, 드레싱 등에 붉은 색감이나 향을 더할 때 쓰여요.

커민씨Cumin seed

커민은 이집트가 원산인 미나리과 씨앗을 말린 향신료예요. 캐러웨이를 쏙 빼닮았지만, 캐러웨이와는 전혀 다른 강하고 자극적인 향과 옅은 쓴맛, 매운맛이 나요. 카레 가루의 주된 향이 나지요.

커민씨에는 홀whole과 파우더가 있어요. 홀은 사용하기 전에 볶으면 껍질이 벗겨져서 풍미가 살아나요. 동지중해 지역 요리나 중동 요리, 스튜, 카레, 빵, 쿠키 등에 넣어요.

고수씨Coriander seed

'코엔트로coentro'라고도 하는 고수씨는 잎과 씨앗 모두 향신료로 쓰여요. 씨앗은 어렴풋한 감귤계통의 향에 단맛이 나는데, 전체적으로 향미가 부드러워 달콤한 요리에도 매운 요리에도 모두 잘 어울리며, 인도 카레에는 반드시 들어가지요.

고수씨에도 홀과 파우더가 있는데, 홀은 막자사발로 찧은 후 볶아서 사용합니다.

고추

콜럼버스가 중남미에서 가져와 눈 깜짝할 사이에 전 세계로 퍼져 각지에 식문화 혁명을 일으킨 고추(레드페퍼)는 수백 종의 품종이 인도를 비롯해 멕시코, 일본, 한국, 중국 등 세계 각지에서 생산됩니다. 매운맛은 부드러운 것에서 입에 넣는 순간 입안이 얼얼해질 정도로 강한 것까지 다양해요. 매운맛은 캡사이신으로, 수많은 향신료 가운데서도 가장 매운 성분이에요.

고추는 매운맛과 색을 살려 요리에 적절히 가려 쓰면 좋아요. 매운맛은 씨앗이 붙어 있는 태좌胎座 부분에서 생성되므로 덜 맵게 먹으려면 씨앗을 제거하면 돼요.

캐러웨이Caraway

미나리과의 한해살이풀로 펜넬과 딜의 친척이에요. 향이 매우 강하고 따뜻한 느낌이 나는 매운맛이 나며 모양은 커민과 비슷해요. 고대 로마에서는 캐러웨이 씨를 넣은 케이크를 먹었다고 해요. 달콤한 요리, 매운 요리 모두에 쓰이고 독일과 오스트리아의 시드 케이크(씨앗을 넣은 케이크), 덤플링dumpling, 치즈, 파스타, 수프, 굴라시goulash에도 넣어요. 퀴멜Kummel, 슈냅스Schnaps 등 북유럽의 술을 만드는 데도 쓰여요. 또한 콜슬로와 사워크라우트Sauerkraut 같은 샐러드나 채소 요리의 드레싱에 섞어 향을 더하기도 해요.

머스터드씨Mustard Seed

머스터드의 원료는 십자화과의 식물인 겨자채로, 그 씨앗을 말린 것이에요. 원산지는 중앙아시아에서 서아시아에 이르는 지역과 중동, 지중해 연안입니다. 크게 황겨자, 흑겨자, 백겨자의 세 종류로 나눠요.

씨앗 그대로 피클로 만들거나, 필요할 때마다 빻아서 스테이크에 뿌려 먹어요. 인도에서는 기름에 끓여 카레로 만들어요.

향미료 Seasonings

요리에 시즈닝을 할 때는 허브나 향신료를 이용하지만, 이밖에도 요리에 맛과 향을 더하는 향미료로 쓰이는 식재료들이 있어요. 지중해 요리에 반드시 필요한 마늘, 앤초비, 올리브, 벌꿀, 레몬, 케이퍼 등이 그것이지요.

올리브

올리브 열매는 성숙하면서 노란색에서 황록색으로, 붉은 보라색에서 짙은 보라색, 갈색 그리고 검은색으로 변해갑니다. 올리브 오일의 색도 이에 따라 달라지지요. 특히 짙은 노란색의 올리브 오일은 잘 성숙된 열매인 검은 올리브에서 짜낸 기름이에요.

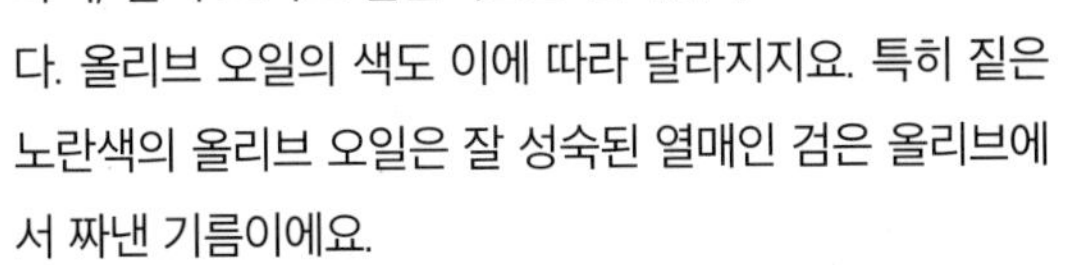

지중해 연안의 시장에 가보면, 덜 익은 열매를 소금에 절여서 파는 전문점을 볼 수 있어요. 입맛에 맞는 열매나 요리와의 조화를 고려하여 그램 단위로 구입할 수 있지요. 지중해 지역을 여행할 기회가 있다면 선물로 사오는 것도 좋을 거예요.

올리브 열매 소금절임을 으깨어 앤초비나 케이퍼를 찧은 것과 섞으면 타프나드Tapenade라는 페이스트가 완성돼요. 남프랑스를 중심으로 지중해 지역에서 널리 먹는 소스로, 올리브의 맛을 만끽할 수 있어요.

한국에 수입된 올리브의 종류는 한정되어 있지만, 씨앗을 뺀 올리브 안에 빨간 파프리카나 앤초비, 견과류가 든 캔이나 병조림은 쉽게 구할 수 있어요.

앤초비

앤초비는 지중해나 유럽 근해에서 잡히는 멸치과의 작은 생선으로, 이것을 소금에 절여 숙성·발효시킨 후 올리브 오일에 담근 것도 앤초비라고 해요. 짜고 농후한 맛이 나는 앤초비의 머리를 떼고 등뼈를 따라 칼집을 내어 두 조각으로 가른 살코기 형태의 것이나 나선형으로 둘둘만 것은 오르되브르(전채 요리), 샐러드, 피자 등에 자주 쓰여요. 다져서 조미료로 쓰기도 하며, 시중에서는 페이스트 형태로 튜브에 든 것도 구입할 수 있어요.

드라이 토마토

드라이 토마토는 남이탈리아에서 많이 만드는 건조 토마토입니다. 잘 익은 홀쭉한 산마르치아노 토마토를 말린 것으로, 뜨거운 물을 부어 원상태로 회복시켜 파스타 소스나 샐러드 등에 이용하면 응축된 산미와 맛을 느낄 수 있어요. 올리브 오일에 버무린 드라이 토마토는 마른 안주로 쓰입니다.

한국에서는 이탈리아산 드라이 토마토를 구하기 어려우므로, 당도가 높은 방울토마토를 햇빛이나 식용 건조기, 오븐으로 말려서 사용할 수 있어요. 방울토마토를 반으로 갈라 절단면을 위로 향하게 한 후 소금을 뿌려 오븐에서 120℃로 1시간가량 구워서 사용해도 돼요. 단, 바싹 마르지 않으므로 플라스틱 용기에 넣어 냉장고에서 보관해야 해요. 일주일 내로 다 사용하지 못하면 여러 개로 나누어 랩으로 단단히 싼 후 비닐팩에 넣어 냉동고에 얼립니다. 냉동고에 보관했더라도 풍미가 달아나지 않도록 2개월 안에 다 먹는 게 좋아요.

케이퍼Caper

지중해 연안이 원산인 풍접초과Capparaceae라는 나무의 꽃봉오리로, 특유의 상쾌한 풍미가 육류 등의 기름기를 없애주지요. 보통 식초 또는 소금물에 절여서 사용합니다. 식초 절임은 마요네즈나 드레싱에 섞거나 카르파초 소스에 다져 넣고, 소금물 절임은 산뜻한 파스타류나 치즈류 소스의 마무리 또는 레드 와인 소스나 육류 그릴에 곁들여서 먹어요. 훈제 연어와도 잘 어울리지요. 짠맛이 너무 강하면 물로 가볍게 헹궈주세요. 쓰고 남은 것은 원래 용기에 올리브 오일을 넣어 담가두면 풍미를 유지할 수 있어요.

디종Dijon 머스터드와 홀그레인Wholegrain 머스터드

페이스트 상태의 머스터드의 대표 주자로는 디종 머스터드를 꼽을 수 있어요. 머스터드의 도시로 이름 높은 부르고뉴 지방의 디종에서는 지금도 전 세계 페이스트 머스터드의 절반가량이, 프랑스 전체의 80%가 만들어지고 있어요.

머스터드 씨앗의 껍질을 벗긴 후 갈아서 와인이나 비네거와 섞기 때문에 밝은 색과 순한 맛이 특징이에요. 1937년에는 디종 머스터드의 정식 기준과 명칭을 확보하기 위한 법률이 제정되어 원료로 사용하는 겨자채 종류, 씨앗과 씨앗 껍질의 비율, 유분의 양, 함께 섞는 비네거의 종류 등이 정해졌어요. 이 기준을 만족시킨 것만이 '디종 머스터드'라는 이름을 얻을 수 있답니다.

일반적으로는 스테이크나 생선 요리, 포토푀Pot-au-feu 등에 곁들이는데, 육류나 생선 튀김의 튀김옷에 넣으면 산뜻한 요리를 만들 수 있어요. 샐러드 드레싱에 섞으면 순한 맛과 감칠맛이 더해집니다.

홀그레인 머스터드는 1720년 이전의 제조법으로 만든 것으로, '올드 타입 머스터드'라고도 해요. 원료인 겨자씨를 잘게 분쇄하지 않고, 껍질도 사용하지요. 겨자씨 껍질에는 매운맛을 내는 효소가 거의 없어서 부드러운 풍미를 느낄 수 있어요. 소시지 혹은 육류 요리에 곁들이거나 고기나 생선 요리의 핫소스에 더하기도 하고, 디종 머스터드처럼 드레싱의 베이스로도 사용합니다.

벌꿀과 메이플 시럽

기원전 6000년경에 제작된 스페인 알라냐의 동굴 벽화에는 여성이 높은 언덕에서 벌집을 채집하려고 손을 뻗는 장면이 그려져 있어요. 그의 주변에는 크게 그려진 꿀벌 6마리가 날아다니고 있는데, 벌꿀을 손에 넣기 위해서는 위험을 무릅써야 했음을 알 수 있지요.

벌꿀의 역사뿐 아니라 양봉의 역사도 오래됐어요. 양봉에 관한 가장 오래된 유적은 기원전 2500년에 그려진 고대 이집트의 벽화로, 벌통에서 꿀을 채집하는 모습이 묘사되어 있습니다. 이집트와 벌꿀은 관계가 깊은데, 기원전 3000년에 시작된 제1왕조 무렵부터 여왕벌이 왕좌의 심벌로 사용되었어요. 기원전 300년에는 벌집을 배에 실어 나일 강을 이동하는 이동 양봉이 시작되었어요.

지금은 전 세계에서 여러 종류의 벌꿀이 판매되고 있어요. 천연 벌꿀은 비타민B1, B2, 엽산 등의 비타민류, 칼슘과 철을 비롯한 27종류의 미네랄, 22종류의 아미노산, 80종류의 효소, 폴리페놀, 안티에이징 기능이 있는 파로틴 등 150여 가지 성분을 함유한 영양이 매우 풍부한 식품입니다.

벌꿀은 우유나 허브티, 생강, 레몬티 등에 섞어 먹거나 빵에 발라 먹는 방법 외에도 조미료로서도 큰 역할을 해요. 생선 요리에서는 비린내를 잡아주고, 육류 요리에서는 고기 조직에 침투하여 과열에 의한 고기의 수축과 경화를 막아줍니다. 벌꿀을 레몬즙이나 올리브 오일과 섞은 소스에 쇠고기를 재웠다가 구우면 육질이 부드럽고 육즙이 빠져나가지 않아 맛있는 스테이크를 만들 수 있어요. 또한 사과, 연근, 우엉 등의 갈변을 막고 이스트균의 발효를 촉진시키는 효과도 있어요.

메이플 시럽은 단풍나무 수액을 졸여서 만든 것으로, 첨가물을 전혀 넣지 않은 설탕 · 꿀과 같은 천연 감미료예요. 인디언들이 당분을 섭취해 중요한 에너지원으로 사용하기 위해 먹었지요. 식민지를 개척하기 위해 캐나다에 이주한 프랑스인들이 메이플 시럽을 만드는 방법을 배워 곧 널리 퍼졌다고 해요. 최근에는 설탕이나 꿀보다 칼로리가 낮고, 칼슘과 칼륨 등 미네랄 성분이 많아 건강 면에서도 주목을 받고 있어요.

설탕 대신 설탕과 같은 분량의 메이플 시럽을 쓸 때는 메이플 시럽 250ml(1컵)당 레시피에 표시된 우유, 물, 과즙 등을 약 60ml(1/4컵)로 줄여서 사용하세요.

하리사Harissa

고추와 올리브 오일을 베이스로 한 매운 페이스트로, 한국의 고추장과 맛이 비슷해요. 쿠스쿠스나 타진Tajine 등 튀니지를 중심으로 한 북아프리카 요리에 쓰이지요.

고추에 마늘, 커민, 고수, 카옌 페퍼, 올리브 오일 등을 섞어 만드는데, 통조림이나 병조림, 튜브형 등으로 구입하거나 직접 만들어서 사용해도 돼요.

타히니Tahini

타히니는 볶지 않은 흰깨를 으깬 반죽으로, 지중해 연안의 이집트, 레바논 같은 아랍 국가들과 그리스 요리에 반드시 들어가는 식재료예요. 아침식사나 요리에 곁들이거나 전채로 많이 쓰이는데, 깨의 감칠맛과 풍미가 좋아서 작은 접시에 담아 그 위에 올리브 오일을 떨어뜨려 샐러드 드레싱으로 쓰거나 빵에 발라 먹기도 해요. 모로코 요리인 후무스Hummus에 조금 섞어 먹기도 합니다.

레몬과 라임

레몬과 라임은 운향과 향산감귤류로 그대로 먹기보다는 둥글게 잘라 요리에 곁들이거나 즙을 이용합니다.
레몬은 13세기경 시칠리아섬에서 과일로서 본격적으로 재배됐어요. 이후 미국에 전파되어 15세기 무렵부터 캘리포니아 등지에서 재배가 활발히 이루어지고 있어요.
레몬을 구입할 때는 무게감이 적절한지, 껍질에 윤기와 생기가 있는지 확인합니다. 껍질이 지나치게 부드럽거나 너무 두꺼운 것은 사지 마세요. 보관할 때는 절단면에 공기가 닿으면 비타민C가 파괴되므로 랩으로 싸둡니다.
레몬의 비타민C 함유량은 100g당 50mg로 감귤류 중에서도 단연 으뜸입니다. 구연산이 다량 함유되어 있어 피로 회복뿐 아니라 감기 예방, 숙취, 미용에도 좋아요.
모히토라는 칵테일에는 레몬이 아닌 라임 과즙을 넣어요. 같은 감귤류지만 레몬은 열대지방에서, 라임은 아열대와 열대지방에 이르는 지역에서 재배됩니다. 인도 북부와 말레이시아가 원산지인 라임은 아랍인이 지중해에 퍼트린 것을 스페인과 포르투갈 사람들이 미국으로 전파해 멕시코 인근에서도 재배되고 있어요.
라임의 모양은 동그랗고 껍질은 얇으며, 껍질의 색은 초록색입니다. 맛은 레몬처럼 신맛이 나는데, 특유의 쌉쌀한 풍미가 있어요.
라임을 고를 때는 껍질의 초록빛이 선명하고 아름다운 것, 알맹이가 여문 것이 좋아요. 라임의 약 90%는 피로 회복에 좋은 구연산이며, 고혈압을 예방하는 칼륨, 뼈를 튼튼하게 하는 칼슘과 마그네슘도 풍부해요.
지중해 연안 지역에서는 육류나 생선 요리에 레몬 또는 라임 과즙을 뿌리거나 샐러드 드레싱에 비네거 대신 섞기도 해요. 향을 더할 때는 레몬이나 라임 껍질을 갈아서 쓰기도 해요.

마늘

기원전 3200년 무렵부터 고대 이집트 등지에서 재배되고 먹었던 마늘은 전 세계의 다양한 요리에 이용되는 향신채소예요. 지중해 연안 지역에서는 잘게 다져 샐러드 드레싱에 섞거나 껍질째 닭고기와 함께 굽기도 하고, 알리올리 소스 등을 만들어요. 다른 허브와 함께 올리브 오일이나 와인 비네거에 절이기도 해요.

주로 이용하는 재료 구입처들과 협찬처

수산물

다전수산 010-8955-1136(노량진 수산물 도매시장 패류 13호)

허브 및 샐러드용 잎채소

베짱이농부 010-2298-6799

스페인 식자재

소금집 @salthousekorea

(주)이베르코 031-722-4554

올리브 오일

라퐁LAFONT @lafont.byme | www.lafontbyme.com

베제카Bezzecca @bezzeccaoil

빵

썸원스브레드앤테이블 @someonesbreadntable

폴앤폴리나 연희점 02-333-0185

그 외 식재료

마켓컬리 @marketkurly

사러가 쇼핑센터 02-334-2428

오아시스 @oasismarket_official

한살림 연희점 02-305-5900

그릇

김남희 작가 @namhee_kim_ceramist

까사라이크 @casalike_

노산도방 @nosanclaystudio

로우 크래프트 @raw_crafts

양유완 작가 @absolute_mowani | @mowani.glass

유리편집 @yuri_edit

이혜미 작가 @heami_

쿠퍼 @kuper_korea

키친툴 @kitchen_tool

헤슬바흐 @hesslebach

Special thanks to

10년 전에 발간한 책을 다시 내면서 메뉴 선정 과정부터 촬영까지 더 많이 고민하고, 더 신중하게 준비했어요. 몸은 힘들었지만, 그 힘든 순간들이 보람이었고 특별했습니다. 개정판을 제안해주신 출판사에 감사 인사를 전합니다.

책을 만들 때마다 늘 느끼는 부분이지만, 주변에 참 감사한 분이 많아요. 제가 책을 낼 때면 모든 일 제쳐두고 달려와서 도와주는 제자들 덕분에 지금까지 멈추지 않고 책을 낼 수 있었던 것 같아요. 개정판을 내는 작업이 쉬운 듯 더 까다롭다 보니 이번에는 더 큰 고생을 함께한 동지가 많았습니다. 함께해주신 스태프들에게도 감사 인사를 전합니다.

10년 동안 저의 책《지중해 요리》를 사랑해주시고, 새로운 개정판을 응원해주시는 독자분들에게 가장 큰 감사의 마음을 전해요. 앞으로도 여러 사람에게 도움이 되고 즐거움을 줄 수 있는 요리책을 만들도록 노력하겠습니다. 다양한 미디어 채널이 늘어나는데도 여전히 책의 감성과 가치를 지켜주시는 독자분들에게 다시 한번 감사 인사를 전합니다.